《建设工程监理概论》

顶岗实习指导书

（建设工程监理专业）

主　编：刘　勇　黄胜方
副主编：黄士勇　张　拓　徐凤纯

《建设工程监理概论》

顶岗实习指导书

（建设工程监理专业）

主　编：刘　勇　黄胜方
副主编：黄士勇　张　拓　徐凤纯

中国水利水电出版社
www.waterpub.com.cn

前 言

高等职业教育的宗旨是培养既懂技术又具有一定实际操作能力的实用型人才。目前大部分高职院校都是采取校内理论学习，校外企业顶岗实习（培养）的“2＋1”或“2.5＋0.5”教学模式，希望让学生毕业之前完成从学生到企业员工地转换，实现与未来就业岗位“零距离”对接的目标。但在实际教学实践过程中，不少高职院校都不同程度地遇到了一些问题。学生0.5年或1年在企业顶岗实习（培养），但其身份仍然是学生，这期间教学效果如何保证、如何监管、如何考核，校内老师怎样指导，企业导师如何系统指导等都没有一个确定的标准。作为省级质量工程“土木工程专业带头人项目”和淮北职业技术学院院级质量工程“建设监理专业教学团队项目”的课题，我们对这些问题进行了探讨。从建设工程监理专业的理论基础入手，系统地研究了施工阶段监理工作的内容、程序、方法，结合教学需要，编写了本手册，作为《建设工程监理概论》教材的补充。它既可以作为高职院校相关专业顶岗实习的指导用书，也可以作为监理企业培训新入职员工的参考用书。

本手册分4章及附录：第1章顶岗实习的意义和基本要求，由徐凤纯（淮北职业技术学院副教授、注册监理工程师）编写；第2章监理专业顶岗实习的任务，由黄胜方（淮北职业技术学院高级工程师、注册监理工程师）编写；第3章施工阶段监理顶岗实习，由刘勇（淮北职业技术学院教授、注册监理工程师）编写；第4章建设工程监理工作标准，由黄士勇（高级工程师、注册监理工程师、安徽恒正建设工程项目管理有限公司总经理）编写；附录部分由张拓（淮北职业技术学院副教授、高级双师型教师）编写。本手册由刘勇负责统稿和定稿。

本手册在编写过程中得到了淮北职业技术学院、安徽恒正建设工程项目管理有限公司的大力支持，并参考了其他作者编写的教材和文献，在此一并表示衷心感谢。

由于编写者水平和经验所限，书中难免有不妥之处，请在使用过程中不吝指教，以便不断完善。

编者

2016年12月

前言

目　录

第1章 顶岗实习的意义和基本要求

“顶岗实习”是专业教学课程体系中的一门实践课程，它不同于教学中的认识实习和案例教学，也不同于教学中的实训，它是学生在企业通过真实的岗位体验、在学校老师、企业指导老师的双重指导监管下由学生自主完成的。

1.1 顶岗实习的意义

顶岗实习是校企合作的具体体现，是高职教育中“工学结合”人才培养模式的重要组成部分，是培养和提高学生综合职业能力的重要教学环节。顶岗实习体现了“工学结合”“教学过程的实践性，开放性和职业性”，是对理论等其他教学环节的继续、深化、补充和检验，是学生走上社会岗位前全面提升职业能力的必经阶段。学生在企业提供的真实岗位上顶岗实习，让学生接受真正的职业训练，为实现毕业与就业的“零距离”对接和转换奠定良好的基础。

1.2 顶岗实习的基本要求

1. 组织顶岗实习对学校的要求

虽然教学行为没有发生在学校，但是实习过程依然是学校教学的重要组成部分，需要学校来组织、指导和监管。实习指导老师应当根据教学大纲的要求编写学生顶岗实习教案，并下达明确的顶岗实习任务书。组织学生进行顶岗实习，既要有利于提高学生对所学知识的综合运用能力和就业能力，又要保障学生的合法权益，要提供实习必要的劳动保护用品。

学生顶岗实习岗位原则上应由学校提供，学生也可以自行联系顶岗实习单位，但要经学校批准并登记备案。学校指导老师和辅导员（班主任）要随时掌握学生动态，按教学大纲对实习学生进行指导。

学生进入顶岗实习单位前，学校应当与实习单位签订《顶岗实习协议》，明确双方的权利和义务。协议内容应包括：实习目的和要求、校企各自应承担的教学任务、企业导师的资格要求、安全培训要求、对学生的管理与考核、指导费用等内容。

学生离开学校前学校指导老师和负责学生管理工作的辅导员（班主任）除按规定作好实习动员和安全教育以外，还要督促、监督学生登记好本组学生的联系方式，建立便于随时联系的QQ群、微信群、邮箱等。

2. 顶岗实习期间对学生的要求

学生必须明确顶岗实习期间既是学生又是企业的一员，因此实习期间不仅要按照学校要求完成实习任务，还必须遵纪守法、遵守所在实习企业的一切规章制度。

（1）学生在实训企业工作期间要服从领导、服从分配，不做有损企业形象和学校声誉的事。

（2）认真做好企业分配岗位的本职工作，强化职业意识，爱岗敬业，谦虚谨慎、不懂就问，刻苦锻炼和提高自己的业务技能，自觉培养独立工作的能力。

（3）实习学生应牢记“安全第一”，必须严格遵守企业和实习现场的安全管理规定，确保不伤害别人、不被别人伤害，避免安全事故的发生。对不遵守安全制度造成的事故，由实习人承担相应责任；对因工作不负责任造成的损失，由责任人负责。

（4）顶岗实习期间发生重大问题，学生应及时向实习单位和校内指导老师报告。

（5）实习期间学生应逐天认真做好实习记录，每周对实习情况进行总结，填写顶岗实习周记。

（6）实习学生必须保持与学校指导老师和辅导员（班主任）的联系，每半个月不少于一次，汇报实习情况、接受指导。由于实习场所线多面广，实习学生与学校的联系可以采用电话、电子邮件、QQ、微信等方式，指导老师和辅导员（班主任）应如实记录学生汇报的内容和次数，作为学生毕业成绩评定的依据之一。

（7）学生应保证登记的联系渠道的畅通，随时接受学校老师的指导和询问。学生联系方式和工作地点发生变动要及时通知学校指导老师和辅导员，否则后果自负。

（8）其他未尽事项，按照学院有关教学规定执行。

总之，实习过程中需要做到的重点工作是很好地了解施工工作、监理工作的开展过程，各个过程需要注意的是什么，了解工作过程的各个关键点，如何去发现工作过程中的问题，这些要慢慢积累、体会；要注意细节、仔细观察、及时询问，多听老师讲解。有些问题可能是书本上学不到的，比如施工经验等，需要自己亲身参与实践，经过思考后才能体会、才能升华为实际工作能力。

每一项工作可能都是为了下一项工作做准备铺垫，所以要有总结的习惯，把每一项工作了解到的内容及知识一个个串起来形成整体认识，这样才能有一个更高的高度去了解建筑施工的全过程。所以顶岗实习过程中态度必须认真、积极上进，同时又要谦虚谨慎、勤奋做事，交办的事情要按时、按量完成。

第2章 顶岗实习的任务

2.1 顶岗实习的准备

“实习任务”是顶岗实习的核心载体。选择合适的实习任务，适中的任务量是顶岗实习取得预期效果的前提。因此，指导老师应根据本专业人才培养方案、教学大纲和所联系实习企业的具体情况，精心制定实习大纲（参考表2.1的内容填写并下发给每一位参与实习的学生），设计不少于3个任务明确的选项供学生选择。在下达实习任务时，通过老师对任务的解析、释疑，学生对任务的思考、质疑等方式，来保证学生对实习任务的理解。通过学生接受任务、自选、报审、获批实习任务等程序，锻炼学生的沟通、表达等与人交流的能力，自主学习和分析问题、解决问题的能力，培养学生诚实守信、团结协作、严谨务实的职业素养和工作作风。

表2.1 学生顶岗实习教学大纲

<table>
<tr><td>专业</td><td></td><td>班级（小组）</td><td></td></tr>
<tr><td>实习单位</td><td></td><td>起止时间</td><td></td></tr>
<tr><td colspan="4">培养目标：
知识目标：
职业能力目标：
社会能力目标：
其他目标：</td></tr>
<tr><td colspan="2">顶岗实习具体内容：
(结合具体岗位的能力要求确定)</td><td colspan="2">顶岗实习进度安排：
(结合实际岗位和工作过程编写)</td></tr>
<tr><td colspan="4">顶岗实习分阶段目标和工作任务要求

指导老师（签名）：</td></tr>
</table>

顶岗实习刚开始，学生大多会遇到初出校门面对社会的茫然和由学习吸收阶段转向运用所学知识动手应用阶段的不适应，甚至不知所措，以及安全意识差、无法辨识和防范建筑施工安全风险等问题。实习的准备工作就是要让学生能正确认识自我、认识现场，在走出校门前做好相应的心理准备和技能准备。这也是顶岗实习顺利、有效的基础。该阶段的工作包括了“实习积极性和热情的调动”“安全风险防范的技能准备”“真实岗位环境适应的心理准备”“顶岗实习基本教学要求的交底”等内容。

2.1.1 准备工作内容和要点

1. 实习动员

实习开始前，学校应组织相关指导老师对学生进行实习动员，使学生明确顶岗实习的目的、意义，充分认识顶岗实习在教学和学生知识积累中的重要性；动员学生冷静面对顶岗实习，做好必要的心理准备；让学生了解顶岗实习的要求，以保证实习任务的完成，确保实习效果；强调在实习期间必须遵守的纪律，包括必须服从学校和实习企业的安排、接受指导，按要求的频率及时与学校指导老师、辅导员（班主任）保持联系、保持通讯畅通、遵守所在企业和现场的规章制度等。实习动员书可参照表 2.2 的内容和交底确认形式进行。

表 2.2　　实 习 动 员 书

实 习 动 员 书

一、明确顶岗实习的目的、充分认识其重要性

1. 顶岗实习是培养和提高学生综合职业能力的重要教学环节，是对理论等其他教学环节的继续、深化、补充和检验，是学生走上社会上岗前全面提升职业能力的必经阶段。

2. 顶岗实习是由学校统一组织和安排的教学活动，必须按照学校规定的时间、方式和要求参加并完成相应的内容。

3. 顶岗实习是专业培养方案中规定的一门必修课，只有取得及格以上成绩才能毕业。

二、以正确的“三观”面对社会和岗位，做好积极的心理准备

1. 正面理解社会，积极面对人生。

2. 勇敢面对困难，勇于担当，主动迎接挑战。

3. 尊重师长、勤学好问，积极主动、团结协作。

4. 慎思笃行，吃苦耐劳，顺利完成就业过渡。

三、理解领会顶岗实习要求，确保完成实习任务

1. 自觉遵守国家法律法规，树立公民意识，遵守实习单位和学校的各项规章制度，不做有损实习单位和学校形象和声誉的事，禁止参加任何非法组织和传销活动。

2. 听从实习单位师傅和指导老师的安排，努力提高职业素养，培养独立的工作能力，提升专业技能，认真完成各项工作任务。

3. 严格按照实习单位的要求确保生产安全、生活安全，杜绝任何人身和财产安全事故。

4. 加强自身修养和自我管控，先做人再做事，以学习的态度树立劳酬匹配的价值观。

5. 珍惜实习机会，善观察、勤思考，学以致用。

四、到岗后及时与辅导员（班主任）联系，按要求反馈信息

充分利用 QQ、微信等现代网络手段，及时建立与学校的沟通平台，反馈实习情况、有关信息，接受指导老师的指导，保持通讯畅通

动员人：	学生：

2. 安全教育

学校应对学生开展实习安全专项教育，组织学生学习安全方面的规范、规定等知识。指导老师要有针对性的对学生进行安全培训和安全技术交底。学生进入实习单位和施工现场后还应接受实习企业、项目部安排的岗前安全教育。学校的安全交底和确认可参考表 2.3 的内容和形式。

表 2.3　　安　全　交　底

<table>
<tr><th colspan="2">顶岗实习安全交底</th></tr>
<tr><td colspan="2">交底内容：
1. 我们已经学习了《建筑工程施工安全管理》这门课程，对安全生产和文明施工有了一定的理论基础，同时《建筑施工技术》中对施工中各分部分项工程的安全生产要点也作了阐述。要求进入岗位前对相关内容进一步熟悉。
2. 进入施工现场前必须熟悉现场公示的“危险性较大的分部分项工程”内容，从事现场有关工作前必须参加现场技术负责人组织的安全交底会，对不了解安全要求或状态的事项不得参与。
3. 进入施工现场不得酗酒，不得穿拖鞋、高跟鞋、裙子，必须正确戴好安全帽。
4. 熟悉“三宝”“四口”“五临边”等现场安全术语。严禁靠近安全防护不到位的洞口、临边等不安全的部位，严禁操作电气和机械设备，严禁在施工现场嬉戏、追逐，严禁打架滋事。
5. 通过有危险性因素的地带，务必“一停、二看、确认安全后再通过”。发生意外伤害等问题务必严格遵守现场应急预案的规定有序撤离，不得围观。
6. 自觉遵守交通法规，注意外出安全。
7. 实习过程中必须严格遵守法律法规、规范和相关制度，严禁一切违法、违规、违纪、违反标准的行为。</td></tr>
<tr><td>交底人：</td><td>被交底人：</td></tr>
</table>

3. 实习承诺

学生实习期间因深入施工现场，不再像在校期间那么方便监管，因此实习前应加强自律教育，约束学生服从企业管理，以达到认真实习、建立职业意识的目的。通过实习前学生签订实习行为承诺书的形式进行诚信教育，见表 2.4。

表 2.4　　实 习 行 为 承 诺 书

<table>
<tr><th>实习行为承诺书</th></tr>
<tr><td>我承诺，离校实习期间：
1. 遵守法律法规、校纪校规和实习单位的规章制度，绝不参与打架、黄、堵、毒等事件，远离传销组织。
2. 自觉遵守公共道德，维护学校的现象和声誉。
3. 服从实习单位、指导老师的工作安排；严格自律、按照规定及时与指导老师和辅导员（班主任）联系，认真完成各项实习任务。
4. 尊敬师长、吃苦耐劳、谦虚谨慎、勤奋好学、善于思考，结识并与同事友好相处，有效沟通、寻求良好的协作。
5. 认真学习施工规范、监理规范、安全生产技术规范和建筑施工安全知识，做到理论联系实际。
6. 严格按照实习要求，按时完成各项实习资料的编写和汇报，在返校前完成规定的顶岗实习内容，具备毕业实践答辩的资格。

承诺人：（学生签名）
日期：　　年　　月　　日</td></tr>
</table>

4. 实习报到

学生在接受学校实习动员、安全教育、任务交底等准备工作后，根据自主联系或学校统一安排的约定，准时到实习单位（项目）报到，接受实习单位的安排、交待的任务，并主动问清实习正式到岗的时间、地点和作息时间等。

5. 熟悉融入

学生进入现场后，应仔细观察、感受施工现场氛围，尽快熟悉工地位置、建筑面积、层数、基础类型、结构形式、场地和工程形象进度等情况。结识周围同事和各参建单位的工作人员，尤其是施工单位的项目经理、技术负责人、施工员、质量员、安全员，监理单位的总监理工程师、专业监理工程师等主要管理人员。了解并收集顶岗项目的工程概况、编辑“个人信息”等资料，参照表2.5“顶岗实习工地情况反馈表”的内容和形式，及时向指导老师反馈工地情况。主动做好办公室的后勤整理工作，将自己融入实习项目的管理团队。要在尽可能短的时间内与团队成员和谐相处，建立良好的沟通渠道。

表2.5　　顶岗实习工地情况反馈表

<table>
<tr><td>学生姓名</td><td></td><td>班级</td><td></td><td>联系方式</td><td></td></tr>
<tr><td>实习单位</td><td colspan="3"></td><td>资质等级</td><td></td></tr>
<tr><td rowspan="4">实习单位指导老师情况</td><td>姓名</td><td>性别</td><td>职务、职称</td><td colspan="2">主要工作业绩（经历）</td></tr>
<tr><td></td><td></td><td></td><td colspan="2" rowspan="3"></td></tr>
<tr><td colspan="2">毕业学校、专业、学历</td><td>电话</td></tr>
<tr><td colspan="2"></td><td></td></tr>
<tr><td>工程名称</td><td></td><td>建筑面积</td><td></td><td>层数</td><td></td></tr>
<tr><td colspan="2">基础类型、结构形式</td><td colspan="4"></td></tr>
<tr><td>装修</td><td colspan="5"></td></tr>
<tr><td rowspan="2">参建单位</td><td colspan="2">建设：</td><td colspan="3">监理：</td></tr>
<tr><td colspan="2">设计：</td><td colspan="3">勘察：</td></tr>
<tr><td>目前现象进度</td><td colspan="2"></td><td>实习结束
预计形象进度</td><td colspan="2"></td></tr>
<tr><td colspan="2">实习工地详细地址</td><td colspan="4"></td></tr>
<tr><td colspan="2">住宿情况及地址</td><td colspan="4"></td></tr>
<tr><td colspan="6">学生对实习工地、实习任务的认识和描述：</td></tr>
<tr><td colspan="6">学生家长意见：
联系电话：　　　　　　签名：　　　　日期：</td></tr>
<tr><td colspan="6">实习单位意见：
　　　　　　　　　　　　签名：　　　　日期：</td></tr>
</table>

2.1.2 时间要求

（1）实习动员、安全交底等实习准备工作在学生离校前完成。

（2）“工程概况”“个人信息”一般在学生进入现场5天内（最长不超过1周）

完成。

（3）“现场指导老师”的基本情况一般在10天内（最长不超过2周）完成。

2.2 实习任务的下达

根据住房与城乡建设部批准实施的《建筑与市政工程施工现场专业人员职业标准》（JGJ/T 250—2011）中对监理员的职业要求，《建设工程监理规范》（GB/T 50319—2013）的相关规定，本着顶岗实习的基本任务与未来岗位职责对接的原则顶岗设置实习任务。由于顶岗实习是承载理论知识向实际工作能力转换的重要教学手段和环节，所以实习任务的选择要适当。要实现相应的效果，需要培养观察、了解、分析、思考、动手的能力，要有针对性的指导和明确的要求。总之，实习任务要定位准确、有的放矢。

实习任务选定后，学生应在交底建议、自主思考的基础上，结合指导老师对实习任务的评估指导，进一步做好实习前的准备，学会自主学习、解决问题。这样有助于准确把握实习任务的重点，对实习任务的完成质量和工作量也有帮助。

2.2.1 实习步骤和要点

1. 接受安排

学生在工地安顿下来以后，要积极主动并服从安排、不得挑肥拣瘦。在接受任务安排时，应问清任务内容、工作要求和质量标准、安全注意事项，做好记录。实施任务前除认真查找资料做好必要的理论准备外，对不明白的问题（尤其是质量标准和安全事项），还要详细咨询现场指导老师和同事，一定不能不懂装懂，要养成严谨的工作态度。

2. 自选任务

学生要抱着学习的态度对待顶岗实习，在做好老师分配任务的基础上主动寻找任务，以提高能力、积累经验为目的。比如主动跟着同事做好帮手等。有时自己可能不会操作，就需多观察，然后自己再仔细思考、询问把问题搞明白，不仅要知道“其然”，还要知道其“所以然”，这样既可以积累经验，也可提高能力。总之，学生实习时要做一个有心人，每一名成熟的工程技术人员都是从点点滴滴做起的，只有量变达到一定的程度才能发生质变。

3. 思考准备

在接受安排、初选任务开展具体工作之前，学生必须认真思考该项任务在工程中干什么用的？该如何完成？在该项任务中能学到什么？应先找相关的资料进行分析，积极准备，并编写工作提纲。此步骤是准备工作的重点，也是实习效果好坏的关键，应认真对待。

4. 听取意见

工作提纲编制完成后，学生应主动征求现场老师对自己的任务理解、实施方法和途径等准备工作的意见和建议，认真听取老师的讲解并做好记录，完善自己的提纲。

5. 任务编写

为规范学生实习、老师指导和学校管理，帮助企业选人、育人，要求实习学生将企业（项目）安排和自选的任务，参照表 2.6“实习任务单”的格式填写清楚。

表 2.6　　实 习 任 务 单

<table>
<tr><td>班级</td><td></td><td>姓名</td><td></td><td>学号</td><td></td><td>指导老师</td><td></td><td>任务单编号</td><td></td></tr>
<tr><td rowspan="2">任务情况</td><td>实习单位（项目）</td><td colspan="2"></td><td></td><td>现场老师</td><td colspan="2"></td><td colspan="2">工程名称</td></tr>
<tr><td>目前形象进度</td><td colspan="3"></td><td colspan="2">任务期满计划形象进度</td><td colspan="3"></td></tr>
<tr><td rowspan="4">实习任务</td><td colspan="3">顶岗实习任务和起止时间</td><td>现场老师要求摘要</td><td colspan="3">思考准备（含补充、变更理由）、工作提纲</td><td colspan="2">指导老师意见</td></tr>
<tr><td colspan="3">任务 1</td><td rowspan="3"></td><td colspan="3" rowspan="3">1. 任务在工程中的作用；
2. 如何完成任务；
3. 打算学到什么；
4. 工作提纲：</td><td colspan="2" rowspan="3"></td></tr>
<tr><td colspan="3">任务 2</td></tr>
<tr><td colspan="3">任务 3</td></tr>
<tr><td rowspan="3">指导提醒</td><td>任务 1</td><td colspan="6"></td><td colspan="2" rowspan="3">任务单签发：</td></tr>
<tr><td>任务 2</td><td colspan="6"></td></tr>
<tr><td>任务 3</td><td colspan="6"></td></tr>
</table>

6. 任务分配

学生将分配或自选的实习任务、为完成任务所做的思考、现场老师意见和工作提纲，连同“顶岗实习情况工地反馈表”一并报指导老师。

7. 任务监管

指导老师应针对学生申报的任务合理性进行审核，对实习任务的开展进行必要的指导、提示，对实习任务不足或进度安排松散的提出改进意见，属于学校统一安排的应与企业沟通、属学生自己找实习单位的应直接安排。

8. 任务下达

在通过任务评估后，指导老师在“实习任务单”上对任务实施提出必要的指导意见、建议和安全提醒，在征求实习企业（项目）指导老师意见后 3 天内以“实习任务单”的形式向学生下达实习任务。实习任务单应一式三份，一份学校留存，一份下发学生，另一份送实习企业（项目）指导老师。

2.2.2 实习要求

（1）在进行熟悉、调研过程中，要虚心好学、当好帮手、细致观察、深入思考并做必要记录，学习现场交流协作的团队精神，养成认真负责、严谨细致、敢于担当的工作习惯。

（2）在了解项目管理团队和参建单位人员情况时，务必文明礼貌、尊敬师长，切忌贸然唐突。

（3）所选的实习任务应有明确的内容、实施步骤和标准要求，有渐进式提高的重复机会，能形成实习任务过程和结论记录。

（4）选择的任务不要影响现场工作，任务的展开要遵循认知规律，不可急于求成。第一步先跟随现场老师观察、学习，第二步为老师的工作做一些力所能及的辅助性工作，第三步在老师的指导下开展工作，最后达到能独立工作的目的。

（5）学生进入实习现场后的3～5天内，完成实习现场的熟悉和任务调研后，应尽早将“实习任务单”上报实习指导老师（表2.6）。

（6）现场安排的任务应满足学校与企业（项目）商定的实习总工作量，学生必须在完成安排工作量的基础上方可自选任务，即任务的确定应遵循“安排优先”的原则。学生选定自选任务后应及时向学校指导老师报告。

（7）实习任务完成需补充新任务，或实施出现意外情况时（一般只适用于客观原因变化，致使任务无法完成），由学生将需补充（变更）的理由、准备情况，提前一周报指导老师。

（8）在接受任务时，应遵循“交底清楚、接受明确”的管理原则，确保任务内容清楚、原理步骤搞懂、标准要求明晰。

（9）对如何完成任务必须要进行学习和思考，在此基础上向老师汇报，听取意见和要求，培养自主学习和解决问题的能力。

（10）实习期间要不断总结，记录实习收获和体会，并按表2.7编写“学生顶岗实习周记”。顶岗实习周记记录是学生实习过程的主要载体，将作为评定学生实习成绩的依据之一。

（11）学生根据顶岗实习的任务情况结合专业知识，认真撰写不少于2000字的实习总结报告。

（12）学生顶岗实习期间应在指导老师的指导下完成毕业设计论文（设计）。毕业论文主题应紧扣专业和实习任务，紧密结合实习岗位工作内容，字数不少于5000字。要求论文的要素齐全（包括：论文题目、关键词、摘要、正文、主要参考文献等），观点明确、逻辑清晰、结构严谨、叙述流畅、理论联系实际。论文必须独立完成不得抄袭或由他人代写，否则该项成绩以零分计算不得毕业，引用部分内容、观点或数据须注明出处。采用其他方式作为毕业设计成果的，应事先征得指导老师同意，并且图文并茂、表达规范，符合现行规范要求。

（13）如果实习期间，因违反实习单位的管理规定或由于品德表现等原因被实习单位退回学校，因违法犯罪受到公安机关刑事责任追究的，则视为实习成绩不及格不得毕业。

表 2.7 学生顶岗实习周记

实习起止时间		编号	
本周工作主要内容			
工作、学习和生活的主要收获与体会	(字数不少于200字)		
与指导老师沟通情况	本周是否与校内指导老师进行了沟通? 沟通的具体方式,沟通内容的关键词; 老师指导的内容简介。		
与辅导员(班主任)沟通情况	本周是否与辅导员(班主任)进行了沟通? 沟通的具体方式、内容; 辅导员(班主任)指导的内容简介。		
其他			

2.3 施工阶段监理专业顶岗实习的基本任务

目前我国的监理服务主要集中在工程施工阶段,这与国家在引进监理制度之初对这个行业的定位有关,因此监理专业的顶岗实习也主要在与施工相关的企业(项目),监理从事施工监理服务以外的任务则较少。如果学生在监理企业实习,可以参考表2.8的内容确定顶岗实习的基本任务,如果在施工企业实习则可参考表2.9的内容确定基本任务。

表 2.8 施工阶段监理企业顶岗实习基本任务

1. 监理业务的取得(监理企业投标、监理大纲的内容),监理大纲、监理规划、监理实施细则之间的关系; 2. 项目监理机构的组建、监理人员职责及监理工作设备; 3. 监理规划、监理实施细则的内容、编写及其报审; 4. 施工质量、工程造价、施工进度及安全生产管理的监理工作内容和工作方法; 5. 合同管理; 6. 设备采购与设备监造(视实习项目的具体监理服务内容而定); 7. 相关服务的监理工作(视实习单位的工作范围而定); 8. 施工图阅读与校对; 9. 建筑施工测量; 10. 施工质量和安全检查; 11. 见证取样与旁站监理; 12. 监理文件编制与资料核对。 其中5、6的内容视实习单位的工作范围,可以作为选择性任务下达

表 2.9 在施工企业顶岗实习基本任务

1. 施工图阅读与校对； 2. 技术交底编制和实施； 3. 建筑施工测量； 4. 质量、安全专项施工方案编制； 5. 施工段和施工顺序确定； 6. 质量缺陷和危险源的识别； 7. 质量和安全管理点的确定； 8. 施工质量和安全检查； 9. 工程资料管理； 10. 合同管理； 11. 见证取样； 12. 监理规划、监理实施细则的内容； 13. 施工组织设计内容、报审； 14. 进度计划的编制和调整； 15. 参加监理例会、会议纪要的整理； 16. 技术交底编制、参加技术交底会

注 学生选择、指导老师下达实习任务时应视实习场所（企业）的具体情况，可以是上述基本任务的全部或几项内容的组合，但总的实习工作量必须符合教学大纲的规定。

2.4 顶岗实习的考核

对顶岗实习应加强过程管理，弱化结果评价。遵循评价内容的灵活性、实用性，评价方法的科学性、多样性，评价结果的客观公正性等基本原则，建立顶岗实习考核评价体系，制定考评标准，以实现过程控制为主，实施顶岗实习考评。

2.4.1 考核评价体系和权重分配

顶岗实习考核包括过程考核和实习结束考核两部分，各自考核的内容和权重见表2.10。过程考核主要是及时反映学生实习中的情况，促使学生认真对待整个实习过程，进行积极思考和总结，及时与指导老师和辅导员（班主任）联系接受指导，使实习过程处于受控状态。学生带着任务（老师下达的实习任务），赴施工现场进行顶岗实习，通过过程考核引导学生在工作中怎样学习、学习什么，并且考查学生在实习期间的表现和收获，包括单项实习任务考核、实习周记完成情况和与指导老师联系接受指导情况。最终考核是考查学生知识的综合运用能力、归纳总结能力、综合语言运用能力、文字表达能力等，包括顶岗实习总结报告、企业（项目）对学生顶岗实习的鉴定（表2.13）、毕业论文及毕业答辩。

过程性考核的具体内容和要求在各单元的“本子单元考核标准”中，可参照表2.12的封面格式，将实习任务记录、编制的表格、资料等作为内容，自我评估、现场指导老师对工作质量认定的前提下，报指导老师进行单项任务的考核，并以指导老师的认定为准。

实习结束考核的“顶岗实习总结报告”封面按表2.12的格式，报告与表2.13“学生顶岗实习企业鉴定表”一同装订，实习结束后交指导老师。

表2.10 顶岗实习考核评价体系与权重分配

类别	考核项目	权重/%	小计/%
过程考核	实习任务	40	60
	实习周记	10	
	接受指导	10	
实习结束考核	顶岗实习总结报告	10	40
	顶岗实习企业鉴定表	10	
	毕业论文	10	
	毕业答辩	10	
合计		100	100

表2.11 单项实习任务考核表

任务起止时间：____年____月____日至____年____月____日，

任务单编号：________（总第________号）

实习任务名称：（按任务单下达的任务名称填写）

单

项

任

务

考

核

表

编制人：__________ 学　号：__________

现场指导老师：__________ 指导老师：__________

评价：

自　　　评：优秀（良好或合格）

现场指导老师：优秀（良好、合格或不合格）

指 导 老 师：优秀（良好、合格或不合格）

表 2.12　　　　顶岗实习总结报告

<table>
<tr><td>
实
习
总
结
报
告

编制人：＿＿＿＿＿＿＿＿　　学　号：＿＿＿＿＿＿＿＿
现场指导老师：＿＿＿＿＿＿＿＿　　指导老师：＿＿＿＿＿＿＿＿
评价：
自　　评：优秀（良好或合格）
现场指导老师：优秀（良好、合格或不合格）
指 导 老 师：优秀（良好、合格或不合格）
</td></tr>
</table>

表 2.13　　　　学生顶岗实习企业（项目）鉴定表

<table>
<tr><td>班　级</td><td></td><td>姓　名</td><td></td></tr>
<tr><td>性　别</td><td></td><td>学　号</td><td></td></tr>
<tr><td>顶岗实习时间</td><td colspan="3">年　月　日至　　年　月　日</td></tr>
<tr><td>顶岗实习单位（项目）</td><td colspan="3"></td></tr>
<tr><td>自我鉴定</td><td colspan="3">（包括思想品德、工作态度、专业知识、业务能力等方面）</td></tr>
<tr><td rowspan="11">实习单位（项目）
鉴定及考核成绩</td><td colspan="3">实习单位（项目）鉴定：</td></tr>
<tr><td colspan="3">岗位适应能力：A 强 B 较强 C 中等 D 一般 E 较差</td></tr>
<tr><td colspan="3">职业素养：　A 优 B 良好 C 中等 D 一般 E 较差</td></tr>
<tr><td colspan="3">工作态度：　A 优 B 认真 C 中等 D 一般 E 较差</td></tr>
<tr><td colspan="3">敬业精神：　A 优 B 良好 C 中等 D 一般 E 较差</td></tr>
<tr><td colspan="3">专业技能：　A 强 B 较强 C 中等 D 一般 E 较差</td></tr>
<tr><td colspan="3">协作精神：　A 优 B 良好 C 中等 D 一般 E 较差</td></tr>
<tr><td colspan="3">创新意识：　A 强 B 较强 C 中等 D 一般 E 较差</td></tr>
<tr><td colspan="3">心理素质：　A 优 B 良好 C 中等 D 一般 E 较差</td></tr>
<tr><td colspan="3">工作成绩：　A 优 B 良好 C 中等 D 一般 E 较差</td></tr>
<tr><td colspan="3">考核成绩：□优　□良好　□中　□及格　□不及格
（盖章）　年　月　日</td></tr>
<tr><td>备　注</td><td colspan="3"></td></tr>
</table>

注　“学生顶岗实习企业（项目）鉴定表”的成绩评定评分标准，直接以企业（项目）的考核成绩作为最终成绩计入汇总表，成绩采用优、良好、中等、及格、不及格五级计分制，分别对应于百分制的 90＋、80＋、70＋、60＋、60－。企业（项目）鉴定成绩为不及格的不计入汇总表、且顶岗实习成绩为不合格，必须补修合格后方可参加毕业答辩。

顶岗实习报告应主要反映以下内容。

1. 实习概况

(1) 实习工地概况：按照实习开始时“顶岗实习工地情况反馈表”的内容描述。

1) 工程名称、工程地址、实习企业(项目)、建设单位、其他参建单位。

2) 工程规模(面积、地上地下层数)、用途、工程地质、基础、主体结构、安装工程和主要装饰装修情况。

3) 实习起止形象进度情况。

4) 描述与实习任务有关的项目特点，也可增加其他特别有感触的特点。

(2) 主要的实习任务，按照下达的任务单的任务名称描述，包括实习过程中增加的实习内容等。

(3) 学校指导老师姓名、现场指导老师姓名、实习工作岗位(包括中间变更岗位)等。

2. 实习内容

(1) 根据完成的实习任务单，逐项说明每项任务的名称、时间、目的(任务单的“思考准备”内容)、实习经历描述(可按照单项任务考核提交的内容描述)、任务完成的效果描述(自评、现场老师评价、指导老师评价，最好能对每个单项任务实习收获做文字描述)。特别要对本人在团队中承担的工作、熟练程度、现场老师评价、本人收获等作描述。

(2) 根据实习周记检查情况，将每次检查时间、指导老师的考核等级汇总；对实习期间与指导老师沟通次数、接受指导的情况进行描述。

(3) 描述实习中对材料、设备、施工技术、施工工艺和项目管理等的认识理解，尤其是“四新”的应用，包括自己看到的内容和现场老师、同事、指导老师介绍的内容。

(4) 对其他特别有感触的人、物或事件进行描述。

3. 问题探析

(1) 描述实习工地亲历(主要是实习任务的经历)的质量通病的现象、原因分析、处理方法和预防措施，也可增加其他特别有感触或具有典型意义的质量通病事例。

(2) 描述实习工地亲历(首选实习任务的经历)的危险源、分析风险、制定的防控措施，也可增加绿色施工管理、文明施工管理的内容和其他特别有感触的安全生产、文明施工的内容。

(3) 对实习岗位(项目)的优缺点逐条进行分析，针对现状描述自己的融入和思考。

(4) 对单位和社会优缺点的认识，描述自己今后的职业规划、岗位设想。

4. 收获认识、总结规划

(1) 针对“实习任务”，总结完成实习任务的成败之处、原因分析和收获。

（2）针对“问题探析”，总结实习对自己应用理论知识分析问题、解决问题的综合能力提高，对建筑行业、社会现状的认识，以及自己对工作、岗位、行业和社会的职业规划和今后的奋斗方向。

（3）通过实习，根据自己认识对学校今后理论教学、实习教学、实习组织等方面的建议等。

2.4.2 顶岗实习考核评价标准

1.“实习任务”完成情况考核

“实习任务”完成情况考核等级标准见各单元中“本子单元考核标准”。

2.“学习顶岗实习周记”考核

“学生顶岗实习周记”由现场老师和指导老师每月至少检查一次，按以下标准确定等级，并记录在指导老师的考核记录本中。

（1）优：记录及时认真、态度端正、总结有深度、记录完整规范、数量够，按规定与指导老师、辅导员（班主任）联系、沟通，汇报实习情况接受指导，能完整清晰反映实习情况内容真实。

（2）良好：认真总结、填写完整规范、态度端正、数量够，按规定与指导老师、辅导员（班主任）联系、沟通，汇报实习情况接受指导，内容全面，能反映实习情况，记录无虚造。

（3）中等：总结比较认真、填写比较完整、基本符合要求，数量够，且基本按规定与指导老师、辅导员（班主任）联系、沟通，记录无虚造。

（4）及格：总结不够认真，但填写比较完整、基本符合要求，内容真实基本能反映实习情况，周记数量缺少不多于5篇，基本按规定与指导老师、辅导员（班主任）联系、沟通。

（5）总结敷衍，记录不符合要求，基本不与指导老师、辅导员（班主任）联系、沟通，周记所缺数量大于5篇，记录内容和实习汇报有虚假。

3. 毕业论文成绩评定参考标准

（1）符合以下条件可评定为“优”（90分以上）：

1）论文选题与所学专业结合度高，能体现对本专业基础知识和基础理论的深刻理解，观点正确，有比较重要理论价值或实际应用价值。

2）有丰富的第一手调研资料、可靠的引用资料，所引用资料能充分支撑论点。

3）论文结构完整合理，有较强的方法论意识，逻辑性强，论证严谨或角度新颖，有较高学术价值或应用价值。

4）专业用语规范准确，论文格式符合要求，行文流畅简洁，注释规范，学术作风严谨，无剽窃、抄袭现象，复制比小于20%。

5）能按期圆满完成规定任务，工作认真，企业（项目）鉴定评价成绩为“良好”以上。

(2) 符合以下条件可评定为“优良”(80～90分):

1) 选题能体现对自身所学专业基础知识和基础理论的深入理解，有一定理论价值或现实意义。

2) 有可靠充实的引用资料，引用资料能够支撑观点。

3) 论文结构合理，有较强的方法论意识，逻辑性较强，论证严谨，观点正确。

4) 专业用语规范准确，论文格式符合要求，行文流畅简洁，注释规范，学术作风端正，无剽窃、抄袭现象，复制比小于30%。

5) 能按期完成规定任务，工作努力，企业(项目)鉴定评价成绩为“中等”以上。

(3) 符合以下条件可评定为“中等”(70～80分):

1) 选题能与本专业理论知识和实践相结合。

2) 论文结构合理，有一定的方法论意识，逻辑性较强，论证较严谨，观点基本正确。写作质量一般，但基本符合要求。

3) 学术态度端正，按期完成规定任务，无剽窃和抄袭现象，复制比不超过30%。

4) 企业(项目)鉴定评价成绩为“及格”以上。

(4) 符合以下条件可评定为“及格”(60～70分):

1) 选题与自身所学专业相结合。

2) 论文结构基本合理。

3) 学生态度端正，能按期完成规定任务，无明显剽窃和抄袭现象，复制比不超过40%。

4) 企业(项目)鉴定评价成绩为“及格”以上。

(5) 论文中有下列情形之一的，判定为“不及格”(60分以下):

1) 选题与自身所学专业基本无关。

2) 不能按时完成任务。

3) 论文写作质量差，不符合论文撰写格式要求。有较明显抄袭、剽窃现象。

4) 如果论文纯属抄袭或由他人代写，判定为零分。

5) 企业(项目)鉴定评价成绩为“不合格”。

4. 其他项目考核

其他各项考核项目和评价标准及得分见表2.14。

2.4.3 考核汇总

学生完成顶岗实习返校前，应将所有实习任务完成情况、实习周记、实习总结报告等资料整理完毕，并提交实习指导老师。实习指导老师应按照标准及时批阅、统计，在学生毕业答辩前，参照表2.15的格式将各项考核评价得分登记到“顶岗实习考评汇总表”中，答辩完成、登记答辩成绩后，将分值汇总得出学生顶岗实习总成绩，经指导老师签认后即为学生毕业答辩成绩，作为毕业的依据之一。

表 2.14　考核项目评价标准

<table>
<tr><th>考核项目</th><th colspan="2">评 价 标 准</th><th>分值</th></tr>
<tr><td rowspan="6">实习任务</td><td colspan="2">任务量满足任务单要求为满分，不足一项扣 5 分</td><td>10</td></tr>
<tr><td>100%任务均优秀</td><td rowspan="4">不计不及格项次</td><td>28～30</td></tr>
<tr><td>50%以上任务优秀，其他任务均及格以上</td><td>25～27</td></tr>
<tr><td>50%以上任务良好以上，其他任务均及格</td><td>21～24</td></tr>
<tr><td>所有任务均及格以上</td><td>17～20</td></tr>
<tr><td colspan="3">一次不及格在相应分值中扣减 10 分</td></tr>
<tr><td rowspan="5">实习周记</td><td>100%任务均优秀</td><td rowspan="4">不计不及格项次</td><td>10</td></tr>
<tr><td>50%以上任务优秀，其他任务均及格以上</td><td>8</td></tr>
<tr><td>50%以上任务良好以上，其他任务均及格</td><td>6</td></tr>
<tr><td>所有任务均及格以上</td><td>4</td></tr>
<tr><td colspan="3">一次不及格在相应分值中扣减 2 分</td></tr>
<tr><td rowspan="4">接受指导</td><td>按规定联系汇报、接受指导</td><td colspan="2">10</td></tr>
<tr><td>联系汇报、接受指导次数≥80%</td><td colspan="2">8</td></tr>
<tr><td>联系汇报、接受指导缺少次数≤5 次</td><td colspan="2">6</td></tr>
<tr><td>联系汇报、接受指导缺少次数>5 次</td><td colspan="2">6 以下</td></tr>
<tr><td>企业鉴定</td><td colspan="2">按照实习企业（项目）考核成绩作为最终成绩，按表 2.13 注 10%折算；企业鉴定及格的不折算</td><td>6～10</td></tr>
<tr><td rowspan="5">顶岗实习总结报告</td><td colspan="2">能正确运用专业基础理论知识，系统深入、重点突出地阐述自己的收获，分析思路清晰，文字顺畅，技术合理，有一定的独创性</td><td>10</td></tr>
<tr><td colspan="2">能正确运用专业基础理论知识，能全面反映自己实习收获，分析思路清晰，文字顺通，技术合理，无原则性错误</td><td>8</td></tr>
<tr><td colspan="2">基本能正确运用专业基础理论知识，能全面反映自己实习收获，专题分析内容基本完整，文字顺通，技术合理，无重大错误</td><td>7</td></tr>
<tr><td colspan="2">基本能正确运用专业基础理论知识，能全面反映自己实习收获，专题分析内容基本完整，文字顺通，技术不合理，无重大原则错误</td><td>6</td></tr>
<tr><td colspan="2">不会运用专业理论知识，实习收获表达不清，分析内容不准确，多处出现严重错误，或有抄袭现象</td><td>6 以下</td></tr>
<tr><td>毕业论文</td><td colspan="2">根据毕业论文完成的及时性、写作的规范性、论文本身的质量按照上述标准打分</td><td>0～10</td></tr>
<tr><td rowspan="5">毕业答辩</td><td colspan="2">回答问题全面正确，有独立见解（允许有少量非原则性缺点）</td><td>10</td></tr>
<tr><td colspan="2">回答问题正确，有个别地方不够全面，但无原则性错误</td><td>8</td></tr>
<tr><td colspan="2">能正确回答大部分问题，个别问题无法回答，或有原则性错误</td><td>7</td></tr>
<tr><td colspan="2">能部分回答问题，其他问题经启发后基本能正确回答，有原则性错误</td><td>6</td></tr>
<tr><td colspan="2">答非所问，有原则性错误，经启发后仍不能正确回答问题</td><td>6 分以下</td></tr>
</table>

表 2.15　　　顶岗实习考核汇总表

<table>
<tr><th>考评类别</th><th>考评项目</th><th>考评记录</th><th colspan="2">标准分值</th><th colspan="2">实际得分</th></tr>
<tr><td rowspan="4">实习
过程
考核</td><td rowspan="2">实习任务</td><td>任务数量：　项，不足　项</td><td>10</td><td rowspan="2">40</td><td></td><td rowspan="2"></td></tr>
<tr><td>优秀：　　次
良好：　　次
中等：　　次
及格：　　次
不及格：　次</td><td>30</td><td></td></tr>
<tr><td>实习周记</td><td>优秀：　　次
良好：　　次
中等：　　次
及格：　　次
不及格：　次</td><td colspan="2">10</td><td></td><td></td></tr>
<tr><td>接受指导</td><td>要求次数：
实际次数：</td><td colspan="2">10</td><td></td><td></td></tr>
<tr><td rowspan="7">实习结束
考核</td><td colspan="2">顶岗实习总结报告</td><td colspan="2">10</td><td colspan="2"></td></tr>
<tr><td colspan="2">顶岗实习企业（项目）鉴定</td><td colspan="2">10</td><td colspan="2"></td></tr>
<tr><td colspan="2">毕业论文完成质量</td><td colspan="2">10</td><td colspan="2"></td></tr>
<tr><td rowspan="4">毕业答辩</td><td>（答辩老师提问 1 记录）
答辩人回答记录：</td><td>$10/n$</td><td rowspan="4">10</td><td></td><td rowspan="4"></td></tr>
<tr><td>（答辩老师提问 2 记录）
答辩人回答记录：</td><td>$10n$</td><td></td></tr>
<tr><td>……</td><td>…</td><td></td></tr>
<tr><td>（答辩老师提问 n 记录）
答辩人回答记录：</td><td>$10/n$</td><td></td></tr>
<tr><td colspan="3">总评成绩（合计）</td><td colspan="2">100</td><td colspan="2"></td></tr>
<tr><td colspan="2">指导老师确认意见</td><td colspan="5"></td></tr>
</table>

第3章 施工阶段监理顶岗实习

建设工程监理是依法成立并取得建设主管部门颁发的工程监理企业资质证书，从事建设工程监理与相关服务活动的机构受建设单位的委托，根据法律法规、工程建设标准、勘察设计文件及合同，在施工阶段对建设工程质量、造价、进度进行控制，对合同、信息进行管理，对工程建设相关方面的关系进行协调，并履行建设工程安全生产管理法定职责的服务活动。目前所讲的监理主要是指施工阶段的监督管理活动。相关服务是指工程监理单位受建设单位的委托，按照建设工程监理合同约定，在建设工程勘察、设计、保修等阶段提供的服务活动。项目监理机构或称项目监理部，是工程监理单位派驻工程负责履行建设工程监理合同的组织机构，实行总监理工程师负责制。

项目监理机构组建完成后首先应编制监理规划、监理实施细则，获得批准后按照监理规划、实施细则中制定的措施和程序，对施工质量、进度和造价实施控制，对合同、信息进行管理，开展相关协调工作，并履行安全生产的法定职责。即监理工作的内容可以概括为“三控制、二管理、一协调”。在实施监理工作的同时，还应按照《建设工程监理合同》《建设工程监理规范》（GB/T 50319—2013）的要求同步完成监理文件资料的收集编制、整理和组卷归档工作，监理工作结束后连同监理工作总结移交给委托单位。由建设单位将建设工程施工资料、监理资料移交城市建设档案部门存档。

对于监理专业的学生在施工企业（项目）实习的任务描述可以参考建筑工程技术专业的实习指导书，这里不再赘述。本指导书主要对施工阶段监理岗位的特定工作进行实习指导。

3.1 文件编制与资料核对

监理审核资料实际上就是看法律法规、工程建设标准有没有发生冲突。因此做监理工作一定要把法律法规、工程建设标准，尤其是强制性条文烂熟于心，这是监理的基本功。

为加强对建筑工程施工质量的控制、强化验收，应对施工实施过程的依据性文件、质量保证证明文件、施工试验资料、施工记录、安全及功能检验、工程施工资料等文件进行审核，并对施工质量进行验收。通过实习，了解施工单位从开工到最后竣工都有哪些施工技术资料需要申报？作为监理人员应如何对这些申报资料进行审核。编制监理文件是监理单位履行监理合同义务的一种形式，也是监理单位已经监理合同约定的证明。所以项目监理机构应及时、准确、完整地收集、整理、编制、传递监理文件资料。并且项目监理机构收集归档的监理文件资料应为签字盖章手续完备的原件，若为复印件，应加盖报送单位印章，并由经手人签字、注明日期。

3.1.1 实习步骤和要点

1. 收集资料、对照学习

(1) 收集实习工程申报的需审核的资料，包括：勘察设计文件、建设工程监理合同及其他合同文件，施工组织设计、(专项) 施工方案报审表，施工现场质量管理检查记录，工程开工 (复工) 报审表、开工令、暂停令、复工令，施工控制测量成果报验表，分包单位资格报审表，分部工程报验表，原材料 (工程材料、构配件、设备) 报审表，工程计量、工程款支付报审表，施工进度计划报审表，费用索赔报审表等报验和验收资料。比较学校所学与施工现场的异同。

(2) 收集实习监理文件编制工作资料：总监理工程师任命书，监理规划，监理实施细则 (质量通病防治、安全、测量放线、桩基、基坑支护、基础工程、主体结构、节能保温、防水、钢结构等)，见证取样和平行检验文件资料，监理日志、报告 (监理月报、质量评估报告)、会议纪要 (第一次工地会议、监理例会、专题会议)、监理工作总结等书面资料，监理通知单、工作联系单与监理报告，工程质量或生产安全事故处理文件资料，工程质量评估报告及竣工验收监理文件资料，对照学校所学与施工现场的差异。

2. 跟踪模仿、学习理解

(1) 了解各阶段施工单位需申报的资料：从施工现场质量管理检查记录及其附件符合开工条件签发开工令开始，整个施工过程的申报资料，到竣工验收的全部申报资料，以及监理单位需编制的资料，了解监理单位的审核要求和依据。

(2) 观察现场监理工程师审核的资料名称、时间、要点、结论和对不合格项的处理，观察施工单位申报用表及其附件资料、监理单位审核用表及其审核用语等。

(3) 参考现场监理工程师编制 (审核形成) 的监理资料，进行模仿练习。

(4) 观察现场监理工程师在施工过程中，相关文件 (如监理规划、监理实施细则、监理通知等) 是如何实施的，在实施过程中出现偏差如何进行调整，采取了哪些措施、这些措施的效果如何。

3. 申报资料的核对

(1) 施工组织设计、(专项) 施工方案核对 (表 3.1)。

表 3.1　　施工现场质量管理检查记录

工程名称			施工许可证	
建设单位			项目负责人	
设计单位			项目负责人	
监理单位			总监理工程师	
施工单位		项目负责人		项目技术负责人
序　号	项　　目		主　要　内　容	
1	项目部质量管理体系			
2	现场质量责任制			
3	主要专业工种操作岗位证书			
4	分包单位管理制度			
5	图纸会审记录			
6	地质勘察资料			
7	施工技术标准			
8	施工组织设计、施工方案编制及审批			
9	物资采购管理制度			
10	施工设施和机械设备管理制度			
11	计量设备配备			
12	检测试验管理制度			
13	工程质量检查验收制度			
14				
自检结果： 施工单位项目负责人： 年　　月　　日			检查结论： 总监理工程师： 年　　月　　日	

1）编审程序（编制、审核、审批、用印和申报）是否符合要求。尤其是超过一定规模的危险性较大的分部分项工程的专项施工方案施工单位是否组织了专家论证，申报的文本是否根据专家论证意见进行了修改、建设单位是否已经审批同意等。

2）平面布置情况，施工内容、施工工艺和方法，选择的编制依据是否符合现行规范、标准的要求，质量标准、施工工艺等是否符合设计文件、施工合同、标准、法律法规的要求。

3）采取的质量保证措施、安全生产措施、施工方法是否合理、可行；劳动力组合、选择的施工设备能否满足施工进度计划的需要；施工阶段计划是否符合合同约定等。

4）现场是否按照施工组织设计的要求配备了企业标准、国家标准、规范。

（2）开工报审资料的核对。

1）根据施工合同、监理规范要求核对现场“四通一平”是否完成，即进场道路、施工用水、施工用电、通信和场地平整完成情况。

2）建筑工程规划许可证、建筑工程施工许可证、安全报监、施工测量依据、图纸会审记录、图纸审查合格证及相关单位的回复、工程质量监督交底文件、施工合同、招标文件、中标单位投标文件（技术标、商务标）、施工单位营业执照、企业资质证书、安全生产许可证、施工项目部组成文件及管理班子人员名单、岗位职责、岗位资格证书复印件、特殊工种作业人员上岗证等资料是否齐全有效。

3）施工单位现场质量管理体系、安全生产管理体系是否建立，组成人员的资格是否符合要求；管理及施工人员是否已经到位；施工机械设备是否具备使用条件，尤其是塔机、施工升降机、物料提升机等垂直运输设备是否已验收、备案，验收合格证是否已正确悬挂；用于工程的主要建筑材料是否已落实。

4）经纬仪、水准仪、全站仪等测量仪器设备是否有技术监督部门出具的检定报告，检定报告是否在有效期内。

（3）分包报审资料的核对。

1）分包内容是否符合总承包合同的要求，合同中没有约定的是否已按要求报审并经建设单位批准。

2）是否与分包单位签订了分包合同，分包合同是否已按总包合同的要求向建设单位备案。

3）分包单位资质是否符合分包要求，其营业执照、资质证书、安全生产许可证是否齐全有效；分包单位专职管理人员和特种作业人员的资质证书是否到位。

4）分包单位的业绩、承包能力是否满足要求。

5）总承包单位是否建立了对分包单位的管理制度。

（4）原材料（材料、构配件、设备）、大型施工设备报审资料核对。

1）与设计文件相比，拟用部位所使用材料的品种、规格、力学性能、数量等是否一致。

2）出厂证明文件是否齐全，证明材料是否在有效期内。

3）需复检材料是否按规定的频次、抽检数量、进场批次和产品的抽样检验方案检验并符合要求，涉及主体结构等部位的材料、试块制作是否执行了见证取样制度，检测报告与出厂证明文件是否一一对应。

4）施工机具、设备报审与方案的相符性，其安全生产许可、出厂合格证明、产权登记、设备检测、准用手续等完备情况，能否满足合同、方案要求，其安装、维修保养情况。

（5）进度计划资料核对。

1）进度计划安排是否符合工程项目建设总进度计划中总目标和阶段性目标的要

求，是否符合施工合同中开工、竣工日期的规定。

2）施工顺序的安排是否符合施工工艺的要求。

3）劳动力、材料、构配件、设备及施工机具、供水、供电等生产要素的供应计划是否能保证施工进度计划的需要，供应是否均衡，需求高峰期是否有足够能力实现计划供应。

4）总承包、各分包单位分别编制的施工进度计划之间是否协调，专业分工与计划衔接是否明确合理。各分项工程施工的边界划分有无冲突。

5）对于由业主负责提供的施工条件（包括建设资金、施工图纸、施工现场、按合同约定供应的材料设备等），在施工进度计划中安排的是否明确、合理，是否有造成因业主违约而导致工程延期和费用索赔的风险存在。

（6）工程量报审资料核对。

核对施工单位申报的工程量与实际完成工程量是否一致，申报工程量中分部分项工程的单价等是否与合同、商务标中已标价的工程量清单、招标内容一致。

（7）索赔、变更资料核对。

核对索赔程序、费用索赔的单价组成是否符合合同约定（合同的专用条款、通用条款）；了解工程实际情况，收集索赔、变更相关资料，分析索赔原因（不可预见、非承包人造成的工期或费用增加）是否符合合同条款的约定。对因设计变更的索赔，如果引起施工措施费增加，还应审查变更实施前施工单位是否已提出实施方案并经业主批准，否则措施费不得索赔。

4. 监理文件的编制

（1）监理规划。

监理规划是项目监理机构全面开展建设工程监理工作的指导性文件，是在项目监理机构详细调查和充分研究建设工程的目标、技术、管理、环境以及工程参建各方等情况后制定的。所以监理规划的编审应符合监理规范的规定，经批准后实施。监理规划应结合工程实际情况，明确项目监理机构的工作目标，确定具体的监理工作制度、内容、程序、方法和措施。监理规划可在签订建设工程监理合同及收到设计文件后由总监理工程师组织编制，并应在召开第一次工地会议前报送建设单位。

根据《建设工程监理规范》（GB/T 50319—2013）的要求，监理规划的主要内容应至少包括："工程概况""监理工作的范围、内容、目标""监理工作依据""监理组织形式、人员配备及进场计划、监理人员岗位职责""监理工作制度""工程质量控制""工程造价控制""工程进度控制""安全生产管理的监理工作""合同与信息管理""组织协调""监理工作设施"等 12 方面的内容。同时，在实施建设工程监理过程中，实际情况或条件发生变化而需要调整监理规划时，应由总监理工程师组织专业监理工程师修改，并经监理企业技术负责人批准后报建设单位监督实施。

为规范本企业文件内容和格式，各家监理企业一般都会根据本企业实际和监理规范的要求，制定监理规划等文件资料的编写框架或范本，项目监理规划的内容和要求一般包括：

1）编写项目概况。包括建设概况、设计概况、环境概况、施工单位概况、监理单位概况等。

2）项目特点分析。

3）确定监理工作范围、内容和目标。根据《建设工程监理合同》“作用条件”中列明的范围和内容，以及“协议书”中确定的目标详细列出具体的质量、造价、进度指标。

4）明确监理工作依据。根据实际情况，将工程实施地的地方性规定、合同、设计和作为依据的其他情况，在依据中明确。

5）根据项目情况、项目特点、监理工作依据、监理工作范围、内容和目标、施工单位进度安排等因素，确定项目监理机构人员构成和进场计划安排等。关键是要反映出配备与上述要求的必要性和符合性，以及与监理投标文件的一致性。

6）规划中其他内容，着重针对工程项目特点、监理工作范围、内容、目标、依据等规定监理工作的程序、方法和措施。

（2）监理实施细则。

项目监理机构应结合工程特点、施工环境、施工工艺等，对专业性较强、危险性较大的分部分项工程编制监理实施细则，明确监理工作要点、监理工作流程和监理工作方法及措施，达到规范和指导监理工作的目的。对工程规模较小、技术简单且有成熟管理经验和措施的工程，可以通过细化监理规划的办法指导具体监理工作，不必再编制监理实施细则。监理实施细则可随工程进展由各专业监理工程师编制，但应在相应工程开始施工前完成，并经总监理工程师审批后实施。

1）监理实施细则的编制依据包括下列资料：①经批准的项目监理规划；②工程建设标准、工程设计文件（设计图纸、地质勘察报告、图纸审查报告及其回复、引用的图集、图纸会审记录等）；③经批准的施工组织设计、（专项）施工方案。

2）监理实施细则应至少包括下列主要内容：①专业工程特点；②监理工作流程；③监理工作要点；④监理工作方法及措施。

在实施建设工程监理过程中，当工程发生变化导致原监理实施细则所确定的工作流程、方法和措施需要调整时，专业监理工程师应对监理实施细则进行补充、修改，并经总监理工程师批准后实施。

（3）监理日志应包括下列主要内容：

1）天气和施工环境情况。

2）当日施工进展情况。

3）当日监理工作情况，包括旁站、巡视、见证取样、平行检验等情况。

4）当日存在的问题及处理情况。

5）其他有关事项。比如对重要工序的施工记录下具体的作业班组、带班人姓名，主管部门质量、安全检查情况，会议情况，监理报告情况，收到的检验报告等。

监理日志应每天及时填写，做到真实、全面、禁止后补和作假，对记录的问题要跟踪检查记录形成闭合。总监理工程师应定期审阅监理日志，以全面了解监理工作情况。

（4）会议纪要编制。

现场会议包括第一次工地会议、监理例会、专题会议，会议纪要由监理机构负责整理，与会各方签认。

1）会议纪要的基本内容：①会议的时间、地点、参加单位和人员，会议议题、主持人等。②监理例会会议内容纪要，对上次会议以来现场工作的总结、存在问题的分析及整改措施；对下一步工作的安排；各方沟通、解决分歧、达成共识、做出决定的内容；尚未解决问题的建议等。③专题会议可以由建设单位、监理单位及其其他单位主持召开，目的是为解决某一特定问题而召开的会议，会议纪要一般由组织召开会议的一方整理，由监理、建设单位组织召开的也可由监理单位整理。④第一次工地会议纪要的内容教材和监理规范中都有这里不再重复。

2）会议纪要的编写要求。会议纪要要求真实、客观、完整、有条理，不同于会议记录，它是会议内容的高度概括，是在会议记录基础上整理出来的，会议纪要要求与会各方负责人签认，是重要的存档资料，也是处理相关索赔、追究有关责任方责任的依据。

3）会议纪要的效力实现。会议纪要中时间、地点及签到要齐全可追溯；会议纪要应发送到参会单位时必须实行签收；重要的会议在必要的情况下，可将“签发”“转发”“异议回复提醒”“签收”等内容一并在留底文件上完成。

（5）监理月报。监理月报是项目监理机构定期编制并向建设单位和工程监理单位提交的重要文件。监理月报应包括以下具体内容：

1）本月工程实施概况：①工程进展情况，实际进度与计划进度的比较，施工单位人、机、料进场及使用情况，本期正在施工部位的工程照片。②工程质量情况，分项分部工程验收情况，工程材料、设备、构配件进场检验情况，主要施工试验情况，本月工程质量分析。③施工单位安全生产管理工作评述。④已完工程量与已付工程款的统计及说明。

2）本月监理工作情况：①工程进度控制方面的工作情况；②工程质量控制方面的工作情况；③安全生产管理方面的工作情况；④工程计量与工程款支付方面的工作情况；⑤合同其他事项的管理工作情况；⑥监理工作统计及工作照片。

3）本月工程实施的主要问题分析及处理情况：①工程进度控制方面的主要问题分析及处理情况；②工程质量控制方面的主要问题分析及处理情况；③施工单位安全生产管理方面的主要问题分析及处理情况；④工程计量与工程款支付方面的主要问题分析及处理情况；⑤合同其他事项管理方面的主要问题分析及处理情况。

4）下月监理工作重点：①在工程管理方面的监理工作重点；②在项目监理机构内部管理方面的工作重点。

(6) 工程质量评估报告。工程竣工预验收合格后，总监理工程师应组织专业监理工程师编写工程质量评估报告，并应经总监理工程师和工程监理单位技术负责人审核签字后报建设单位。工程质量评估报告应包括以下主要内容：

1) 工程概况。

2) 工程各参建单位。

3) 工程质量验收情况。

4) 工程质量事故及其处理情况。

5) 竣工资料审查情况。

6) 工程质量评估结论。

(7) 监理工作总结。工程项目竣工后，项目监理机构应对监理工作进行总结，监理工作总结经总监理工程师签字并加盖工程监理单位公章后报送建设单位。监理工作总结应包括下列主要内容：

1) 工程概况。

2) 项目监理机构。

3) 建设工程监理合同履行情况。

4) 监理工作成效。

5) 监理工作中发现的问题及其处理情况。

6) 说明和建议。

3.1.2 本实习单元考核标准

(1) 及格标准。基本能核对报审内容，能依照样本编制对应的监理文件，资料收集基本齐全。

(2) 良好标准。能自主核对报审内容，了解各项依据内容，能自主编制对应的监理文件，满足实习单位要求，资料收集齐全，找出实施差距。

(3) 优秀标准。能自主核对报审内容并作正常的资料编写，并了解各项依据内容；能自主编制对应的监理文件，满足实习单位要求，了解相关规范要求，资料收集齐全，并找出实施差距，自主编制或调整差距。

3.2 见证取样与旁站监理

见证取样是指项目监理机构对施工单位进行的涉及结构安全的试块、试件及工程材料现场取样、封样、送检工作的监督活动，是保证检验工作科学、公正、准确的重要手段。见证取样还包括有资质的检测机构现场检测活动时的见证。旁站是指项目监理机构对工程的关键部位或关键工序的施工质量进行的监督活动，其目的是监督施工工程保证施工质量。

3.2.1 实习步骤和要点

1. 收集资料、对照学习

（1）收集实习工程取样见证试验工作的资料，试验单位、施工单位取样员资格证书、监理单位见证员证书、见证人员授权书，原材料试验登记台账、材料检测报告、标准规范等，对照学校所学找出与施工现场的差异。

（2）收集实习工程旁站工作资料，旁站方案、旁站记录、监理日志、隐蔽工程验收记录等，对照学校所学与施工现场差异。

2. 跟踪模仿、学习理解

（1）见证取样，见证人员授权书见表3.2。

1）跟随工地指导老师学习见证取样。观察了解现场指导老师见证、现场检验所使用的机具、设备和方法，编制资料格式、方法，以及试验、检测结论报告的鉴别和处理，并做好记录。

2）查找并学习见证取样制度和建筑工程检测试验技术管理规范等规定和规范，项目有关见证取样的方案、计划等资料，掌握见证取样的范围、方法和要求。

3）结合样本，模仿指导老师的做法，自己动手完成一次见证取样并完成相关登记。

表3.2　　见证人员授权书

__________质量监督站：
__________检测机构：

我单位授权__________（单位）负责__________工程现场取样和送检见证工作，__________同志担任该工程现场取样和送检见证人。有关人员岗位证书编号和签字如下：

见证取样人员岗位证书及编号	见证人签字

特此授权

建设单位（盖章）：
或监理单位项目总监（签名）：

年　月　日

（2）旁站监理。

1）熟悉各验收规范对旁站监理的要求，并能根据规定和样本编制旁站监理方案，明确旁站监理的范围、内容、程序和旁站监理人员职责。

2）明确需旁站的部位或工序，混凝土浇筑、土方回填、后浇带施工、卷材防水细部处理、钢结构、索膜结构、装配式结构安装、梁柱节点钢筋隐蔽过程、预应力张拉、节能保温施工等。

3）了解各部位旁站监理的重点及注意事项。

4）跟随指导老师参与旁站，了解旁站重点、所发现问题的处理和旁站记录的填写。

3. 自主见证取样与实施旁站监理

（1）见证取样。

1）熟悉设计文件，根据设计文件、相关规范和取样要求，编制见证取样计划、确定取样方案（包括取样时间、地点、批次、方法、数量、保管和送样等）。

2）见证施工单位取样人员按要求取样（取样数量和形状尺寸、方法、试件形成方法、样品标记或特征描述），对于现场实体检测的项目（桩基检测的高应变、低应变、静载，混凝土强度实体检测、钢筋保护层测定等）见证检测机构开展现场检测工作（包括检测设备、人员、过程、数据记录、现象和结果等。

3）样品取好后，根据不同情况，见证人员可亲自封样或与取样员一同将试样送至检测机构直至检测单位收进试样。

4）对构件、实物进行施工试验和现场检测，主要是见证取样数量、部位、检测方法等与规范的符合性。

5）做好见证取样记录及时做好见证台账登记（包括样品名称、规格、代表数量、样品编号、取样部位、取样日期、样品数量、送检时间、检测结果、拟用部位等）。

6）检验结果的鉴别认定。核对所需材料名称的正确性，验收规范及一些地方规定对检测项目的要求，看报告中是否正确、齐全；材料的试验报告结论应按相关材料、质量标准给出明确结论；当仅有材料试验方法而无质量标准时，材料的试验报告结论应按设计要求或委托要求给出明确判断；现场实体检测报告，应根据设计及鉴定委托要求给出明确判断。

7）报告结论的处理。报告结论符合要求的将报告资料登记汇总归档，准予进入下道工序施工；若不符合要求，应立即报告专业监理工程师或总监理工程师，并按照相应指令进行处理，直至结论符合标准合格要求。

（2）旁站监理。

1）准备工作检查。在施工单位自检的基础上对上道工序进行验收，审查相关技术资料（施工方案、原材料检测报告等），核查施工单位管理人员、操作人员到位情况，检查施工机具、材料准备情况。

2）施工过程旁站。对施工作业过程与设计、规范和方案明确的材料、方法、工艺、机具的符合性情况，对工程实体的形成情况进行旁站监理，对出现的问题和处置情况进行监督检查、验证记录、责成改正。

部分部位、工序的旁站注意重点：①混凝土浇筑，施工部位、厚度、混凝土强度等级、试块制作；②土方回填，部位、土质、含水率、密实度、虚铺厚度、夯压遍数；③防水工程细部做法，施工部位、防水材料种类、检测情况、细部处理（阴阳角的处理、基底清理情况、变形缝、施工缝、后浇带、泛水高度，穿墙管、预埋件等）。

3）节能保温。施工部位、保温材料、细部处理、构造层次等。

（3）旁站发现问题的处理。对旁站过程中发现的问题旁站人员应要求施工单位改正，如果施工单位不改或遇到疑难问题，应向专业监理工程师汇报，并按确定的意见执行。

（4）旁站资料编制。按监理规范表格及规定填写旁站监理记录。记录要真实、及时、准确、全面反映关键部位或关键工序的有关情况，特别要注意保存好原始数据和书面资料。对施工过程中出现的质量问题和质量隐患，采取的处理措施、处理效果等旁站监理人员应如实记录，最好采取照相或摄像的手段予以记录，以便查证、处理。

3.2.2 本实习子单元考核标准

（1）及格标准：能实施见证取样，了解取样方法；能认真、负责顶岗旁站，了解旁站监理的有关规定。

（2）良好标准：能自主实施见证取样，完成相关资料登记，了解取样方法、相关规定要求；能自主顶岗旁站，会编写资料，了解旁站监理相关规定。

（3）优秀标准：能自主实施见证取样，资料登记，报告结论鉴别，了解设计和相关规范要求；能自主完成顶岗旁站和资料编写，了解设计要求、施工操作标准和旁站要求。

3.3 合同管理和造价控制

合同管理和造价控制是指在施工阶段，根据合同条款所约定的方法和内容，进行履约情况跟踪，做好工程变更、索赔和反索赔证据的收集整理、数据采集和索赔处理工作，索赔处理包括费用索赔和工期索赔处理；以及根据合同约定进行工程款的审核，从而保证各方按照合同约定完成合同目标，减少合同纠纷，保证工程建设过程处于受控状态。

3.3.1 实习步骤和要点

1. 收集资料、对照学习

收集实习现场“工程承包合同”“监理合同”“施工招标文件”“中标单位投标文件”“工程款支付报审表”“工程款支付证书”“索赔意向书、索赔报告（工期、费用）”索赔文件、索赔处理的会议纪要洽商记录等有关资料，了解现场造价控制和合同管理的具体程序、方法和措施。

2. 跟踪模仿、学习理解

跟踪学习现场指导老师对施工过程中如何根据合同等文件进行工程进度款支付审核、控制工程变更费用、工程款变更价款的确定、预防索赔和处理索赔等，经历了哪些程序、采取了哪些措施和方法、依据了哪些资料、进行了哪些沟通，起到了什么作用。

3. 自主进行合同管理和造价控制

（1）认真研读施工承包合同，了解承发包的合同主体、标的物、金额、工期和质量要求、负责合同履行的承发包代表人姓名及联系方式，了解合同对履约、合同变更、损失索赔、工程款支付、违约处理、合同争议处理等内容的规定。

（2）认真细致地做好日常工作记录，对可能影响合同正常履行、控制目标变化的内容，务必及时、完整采集记录相关数据和证据，固定相关事实。采集的数据应符合工程量计算规则的规定，以确保计算的准确性。

（3）收到索赔、变更要求后，要对申报理由进行事实符合性审查。必要时，应提出合理化建议或避损的要求，降低损失、限制损失扩大。这里要特别注意，索赔的处理应征得建设单位的同意；无论哪一方提出的设计变更都应由原设计单位作出，即使是明显的设计错误施工方、监理方和建设方都无权擅自发出变更指令，都必须通过建设单位由原设计人作出。

（4）按照合同口径（合同文本、商务标、招标文件、会议纪要、洽商记录等）对变更、索赔工程款等相关项目，工程量进行核对和价格审核。按照合同“通用合同条款”或“专用合同条款”（如已约定）规定的原则和程序进行单价确定。

（5）对核对的结论进行明确表述，对处理措施提出审核意见报建设单位审批。

3.3.2 本实习自单元考核标准

（1）及格标准：找到现场有关造价控制和合同管理的资料，了解相关资料的作用，能在现场指导老师的指导下对现场的工程量进行计量、对索赔证据进行收集、对索赔文件进行初步审核。

（2）良好标准：找到现场有关造价控制和合同管理的资料，了解相关资料的作用，能自行完成现场工程量的计量，在现场指导老师的指导下能基本完成索赔文件的审核。

（3）优秀标准：找到现场有关造价控制和合同管理的资料，了解相关资料的作用，能自行完成现场工程量的计量，在现场指导老师的指导下能自主完成索赔文件的审核且满足实习单位要求，并了解相关规范要求。

3.4 安全监理文件编制要点

3.4.1 安全监理规划的编制要点

要编制好安全监理规划，必须先对监理工程的概况、施工特点、施工设备、周边环境进行调查了解。根据工程施工组织设计、有关标准和规范进行编制。具体内容如下：

1. 建设工程项目概况

（1）工程名称。

（2）规模：建筑面积、层数。

（3）结构形式（包括基础形式）。

（4）工期。

（5）施工方法。

（6）周边环境等。

2. 安全监理工作依据

（1）有关法律、法规文件。

（2）有关标准和规范。

（3）建设主管部门有关文件。

（4）建设工程监理规范。

3. 安全监理工作目标

（1）省（市）级建筑施工安全质量标准化示范工地（小区工程）创建目标。

（2）安全评定为合格工地的目标。

（3）无安全事故的目标等。

4. 安全监理工作内容和范围

（1）按照《建设工程安全生产管理条例》第十四条规定，对监理工作的各分部、分项工程施工进行安全检查，按照《建筑起重机械安全监督管理规定》的要求对起重机械进行监理，履行《建筑工程安全生产监督管理工作导则》规定的职责，做好住建部《关于落实建设工程安全生产监理责任的若干意见》（建市〔2006〕248号）规定的监理工作范围。

（2）当地建设行政管理部门规定的安全监理工作范围。

5. 安全监理工作程序

（1）按照《关于落实建设工程安全生产监理责任的若干意见》规定的安全监理工作程序，开展安全监理工作，在安全监理规划中要结合工程特点制定具体的安全监理程序，按程序开展安全监理工作。

（2）按照监理单位制定的具体安全监理程序进行监理。

6. 安全监理措施

对工程的文明施工、脚手架、模板工程、“三宝”和“四口”防护、塔机、施工升降机、物料提升机、施工机具等安全设施和设备，以及分部分项工程进行分析，按照有关标准和规范制度具体的安全监理措施，对施工的全过程履行安全监理职责。

7. 安全监理组织机构及人员配备计划

明确监理机构安全监理人员，对人员进行分工。

8. 安全监理制度

制定监理人员安全监理责任制和安全监理制度。

9. 安全监理奖惩措施

对照目标的实现情况，对监理人员进行考核，按监理单位及项目监理部奖惩制度给予兑现。

3.4.2 安全监理实施细则的编制要点

安全监理实施细则的编制，是安全监理工作的关键，是工程安全监理效果的重要保障。具体编制方法及内容如下：

1. 建设工程项目概况

（1）工程名称。

（2）规模：建筑面积、层数。

（3）结构形式（包括基础形式）。

（4）工期。

（5）施工方法。

（6）周边环境等。

2. 安全监理实施细则的编制依据

（1）有关法律、法规文件。

（2）有关标准和规范。

（3）建设主管部门有关文件。

（4）建设工程监理规范。

（5）已批准的监理规划。

3. 安全监理工作的分工

（1）总监理工程师负责组织监理部人员对施工单位申报的施工组织设计进行审核，并由专业监理工程师签署审查意见，由总监理工程师审核并报建设单位后实施，作为安全监理工作的重要依据。

（2）项目监理部成员由总监理工程师分工，审查施工单位申报的专项施工方案、安全应急救援预案等施工方案，提出具体审查意见，交总监理工程师审核。对超过一定规模的危险性较大的分部分项工程专项施工方案，还应提交建设单位审批后实施。

（3）总监理工程师组织项目监理部人员核查施工单位的安全生产许可证，检查施工单位的安全生产管理体系是否健全，并检查施工单位的安全规章制度、特殊工种上岗制度和安全技术交底制度。

（4）各专业监理工程师检查施工操作人员的安全教育培训资料。督促施工单位开展安全教育，未经安全教育不许上岗作业，并督促施工单位立即整改。

（5）各专业监理工程师检查现场施工安全工作，检查施工现场安全设施和设备是否符合安全技术规范要求，并针对存在的安全隐患及时下发安全监理通知单，及时督促施工单位整改。

(6) 总监理工程师督促施工单位安全管理体系有效运行，对发现安全隐患的应停工整改，若施工单位拒不整改或不按要求停止施工的，项目监理机构应及时通知建设单位，总监理工程师应签发“监理报告”及时向工程所在地建设行政管理部门进行报告。

4. 监理工作控制要点

(1) 项目监理部要认真执行国家“安全生产、预防为主、综合治理”的安全生产方针。努力消除人为的不安全行为，严格控制“三违”(违章作业、违章指挥和违反劳动纪律) 行为，确保施工安全。

(2) 安全监理的重点内容：

1) 基础施工阶段的施工安全控制：挖土机械作业安全、边坡防护安全、降水设备与临时用电安全、防水施工时的防火、防毒。

2) 主体施工阶段的施工安全控制要点：临时用电安全、脚手架及洞口防护安全、作业面交叉施工及临边防护安全、模板工程安全、机械设备使用安全。

3) 装饰阶段施工安全控制要点：油漆、防水施工防火、防毒等。

(3) 施工准备阶段的监理工作：开工前，项目监理机构要参加由建设单位组织召开的第一次工地会议，对工程安全监理提出要求，建设单位工地负责人和施工单位项目负责人、专职安全生产管理人员、特种作业人员应到会，核验人与证件相符。确定安全例会制度，提出安全生产监理要求。

(4) 签署工程开工令前，应审查施工组织设计和有关专项施工方案的审批和现场准备工作是否符合要求。检查建筑施工安全监督手续（因为根据规定建设单位在申领施工许可证前，应到建设行政管理部门或者其委托的建筑工程安全监督机构办理建筑施工安全监督手续）。

(5) 需审查的资料：施工企业营业执照、资质证书和安全生产许可证是否合法有效，特别是安全生产许可证是否处于暂扣期内；审查施工企业的安全规章制度，包括安全生产责任制度、安全生产教育培训制度、安全检查制度、安全技术交底制度、危险性较大工程专项方案专家论证审查制度、消防安全责任制度、安全生产事故的应急救援预案制度等。

(6) 审查施工现场根据建筑面积、施工人数或造价高低配备专职安全生产管理人员的情况（表 3.3)。

表 3.3　安徽省建设工程施工项目关键岗位人员配备标准

序号	工程类别	规模	总人次	项目经理	技术负责人	施工员	质量员	安全员	资料员	取样员(可兼任)
1	房屋建筑工程、装修工程	建筑面积≤1 万 m^2	6	1	1	1	1	1		1
		1 万 m^2＜建筑面积≤5 万 m^2	8	1	1	2	2	2	1	1
		5 万 m^2＜建筑面积≤10 万 m^2	10	1	1	2	2	3	1	1

续表

序号	工程类别	规模	总人次	项目经理	技术负责人	施工员	质量员	安全员	资料员	取样员（可兼任）
2	市政基础设施工程、设备安装工程	工程造价≤5000万元	6	1	1	1	1	1		1
		5000万元＜工程造价≤1亿元	10	1	1	2	2	2	1	1
		1亿元＜工程造价≤1.5亿元	11	1	1	2	2	3	1	1

注 1. 此标准为最低配置标准。

2. 取样员可以兼任，但应具有相应资格（取得省级建设行政主管部门统一颁发的取样人员岗位证书）。

3. 对房屋建筑工程和装修工程，工程面积在3000m^2以下的工程，应至少配置1名项目经理、1名施工员或质量员、1名安全员；建筑面积在10万m^2以上的工程，每增加5万m^2，施工员、质量员应各增加1名。

4. 对市政基础设施工程、设备安装工程，工程造价在500万元以下的，应至少配置1名项目经理、1名施工员或质量员、1名安全员；工程造价在1.5亿元以上的，每增加5000万元，施工员、质量员应各增加1名。

（7）审查特种作业人员的资格证书。包括建筑电工、建筑起重信号司索工、建筑起重机械司机、建筑起重机械安装拆卸工、高处作业吊篮安装拆卸工，以及省级以上人民政府建设行政主管部门认定的其他特种作业人员。

（8）检查施工单位是否按规范规定程序报审施工组织设计和专项施工方案。审查施工组织设计中的安全技术措施和危险性较大分部分项工程专项施工方案是否符合工程建设强制性标准要求。

1）重点审核审查安全技术措施的全面性、针对性、可行性，安全技术措施要针对工程特点、施工工艺、作业条件以及作业人员技能情况进行针对性地控制，按施工部位列出施工的危险源和危险作业点，并制定具体的防护措施和安全作业注意事项，并将各种防护设施的用料纳入资金使用计划。

2）重点审查施工单位编制的地下管线保护措施方案是否符合强制性标准要求；施工中可能危及的毗邻建筑物、构筑物等是否编制专项防护措施方案。

3）重点审查冬季、雨季等季节性施工方案是否符合强制性标准要求；安全防护措施是否符合要求。

4）重点审查施工总平面布置图是否符合安全生产的要求，办公室、宿舍、食堂等办公和生活区与作业区是否严格分开，以及道路等临时设施设置以及排水、防火措施是否符合强制性标准要求。

5）重点审查建筑施工安全事故应急救援预案和安全防护措施费用使用计划，其内容应包括建设工程的基本情况、施工现场安全事故救护组织、救援器材、设备的配备、安全事故救护单位的配合等。

（9）检查施工起重机械安装验收情况。核对起重机械登记备案手续，核查施工起重机械检测检验合格证明，检查安装单位资质和有关资料，检查合法验收手续。如对塔机要重点检查：塔机安拆分包队伍资质证书、操作人员资格证书、塔机安拆方案、塔机基础隐蔽工程验收单、基础混凝土强度报告、塔机安拆安全技术交底、安装自检合格证明和验收合格手续等。

(10) 检查安全防护用具、施工机具、设备情况、审查生产（制造）许可证、产品合格证、安装验收合格证明等。包括安全帽、安全带、安全网、绝缘鞋、绝缘手套、配电箱、电锯、钢筋切割机、卷扬机、钢筋弯曲机、电焊机、混凝土振捣器、搅拌机等。

(11) 认真审查危险性较大工程的施工方案。由总监理工程师根据专家签字的论证意见进行签字、报建设单位审批后施工。

(12) 检查施工现场布置情况，监理工程师应检查现场的设施、材料堆放、施工机具等的布置是否与总平面图相符，材料是否按要求设置标牌，牌、料是否一致，施工机具安全防护是否符合要求；消防通道、消防设施是否按要求设置，标志是否明显、齐全，消防设施是否在检测有效期内；临时用电：线路的敷设、配电箱的安装、防护等是否与经批准的临时用电施工组织设计相符；现场安全警示标志是否规范、齐全、醒目等。

5. 施工期间的安全监理工作要求

施工期间监理工程师应进行日常和定期检查，并对检查情况和施工单位整改情况作详细记录。

(1) 监督施工单位按照施工组织设计中的安全技术措施和专项施工方案组织施工。

(2) 检查施工单位专职安全生产管理人员是否到岗，是否按《建设工程安全生产管理条例》等规定的职责履行。

(3) 施工单位安全生产管理体系的运行是否正常有效，对新进场和变换工作岗位的作业人员是否进行了安全教育培训，新进场的材料是否按要求堆放和检测等。

(4) 定期巡视检查施工过程中的危险性较大的工程作业情况。

(5) 检查施工现场各种安全标志和安全防护措施是否符合强制性标准要求，检查“三宝”“四口”及临边防护是否符合施工组织设计和规范要求。

(6) 督促施工单位按安全检查制度开展安全检查工作，并对施工单位自查情况进行抽查，参加建设单位组织的安全生产专项检查；检查施工单位定期性、经常性、突击性、专业性、季节性等各种形式的安全检查的记录，检查记录是否真实有效，对安全隐患的整改是否做到定人、定时间、定措施，是否按时复查销案。

6. 安全监理工作自查和考核

工程竣工前及时组织项目监理部人员对工程的安全监理工作进行总结，及时整理安全监理资料，核查安全监理工作目标的实现情况，检查安全达标情况，落实安全监理奖惩制度（表 3.4）。

表 3.4 安徽省现场监理机构监理岗位人员配备标准

序号	工程类别	规模	总人次	项目总监	专业监理工程师	监理员	见证员（可兼任）
1	房屋建筑工程、装修工程	建筑面积≤5 万 m^2	4	1	1	1	1
		5 万 m^2＜建筑面积≤10 万 m^2	6	1	2	2	1
		10 万 m^2＜建筑面积≤15 万 m^2	8	1	3	3	1
2	市政基础设施工程、设备安装工程	工程造价≤5000 万元	4	1	1	1	1
		5000 万元＜工程造价≤1 亿元	6	1	2	2	1
		1 亿元＜工程造价≤1.5 亿元	8	1	3	3	1

注 1. 此标准为最低配置标准。

2. 见证员可以兼任，但应具有相应资格（取得省级建设行政主管部门统一颁发的见证人员岗位证书）。
3. 对房屋建筑工程和装修工程，工程面积在 3000m^2 以下的工程，应至少配置 1 名总监理工程师、1 名监理员；建筑面积在 15 万 m^2 以上的工程，每增加 5 万 m^2，增加 1 名专业监理工程师、2 名监理员。
4. 对市政基础设施工程、设备安装工程，工程造价在 500 万元以下的，应至少配置 1 名总监理工程师、1 名监理员；工程造价在 1.5 亿元以上的，每增加 5000 万元，增加 1 名专业监理工程师、2 名监理员。

第4章 建设工程监理工作标准

4.1 基 本 规 定

（1）工程建设监理单位应依法取得建设行政主管部门颁发的《工程监理资质证书》，并在其资质允许的范围内承接监理业务。

（2）从事建设工程监理或相关服务的人员应取得《中华人民共和国注册监理工程师注册执业证书》《安徽省建设工程监理人员从业水平能力证书》或建设行政主管部门颁发的其他工程类注册执业证书。

取得建设行政主管部门颁发的其他工程类注册执业证书的人员只能从事建设工程的相关服务活动。工程监理单位应对受聘于本单位的监理人员进行定期或不定期的培训教育，不断提高其监理业务能力和水平。

（3）工程监理单位应公平、独立、诚信、科学地开展建设工程监理与相关服务活动。

（4）实施建设工程监理前，建设单位应以书面形式与工程监理单位订立建设工程监理合同。合同中应包括监理工作的范围、内容、服务期限和酬金，双方的义务、违约责任等相关条款。在订立建设工程监理合同时，建设单位将勘察、设计、保修等阶段的相关服务一并委托的，应在合同中明确相关服务的工作范围、内容、服务期限和酬金等相关条款。

（5）工程开工前，建设单位应将工程监理单位的名称，监理的范围、内容和权限及总监理工程师的姓名书面通知施工单位。

（6）在建设工程监理工作范围内，建设单位与施工单位之间涉及施工合同的联系活动应通过工程监理单位进行。

（7）实施建设工程监理应遵循以下主要依据：

1）相关的法律、法规。

2）政府规章和规范性文件。

3）工程建设标准。

4）建设工程勘察设计文件。

5）建设工程监理合同、施工合同及其他合同文件。

6）其他与工程建设相关的文件。

(8) 建设工程监理实行总监理工程师负责制。总监理工程师应按相关规定签署工程质量终身责任承诺书。

(9) 项目监理机构应遵循动态控制原理，坚持预防为主的原则，加强事前控制，做好过程控制和事后控制，并及时、准确记录监理工作实施情况。

(10) 工程监理工作应按下列程序执行（图4.1）。

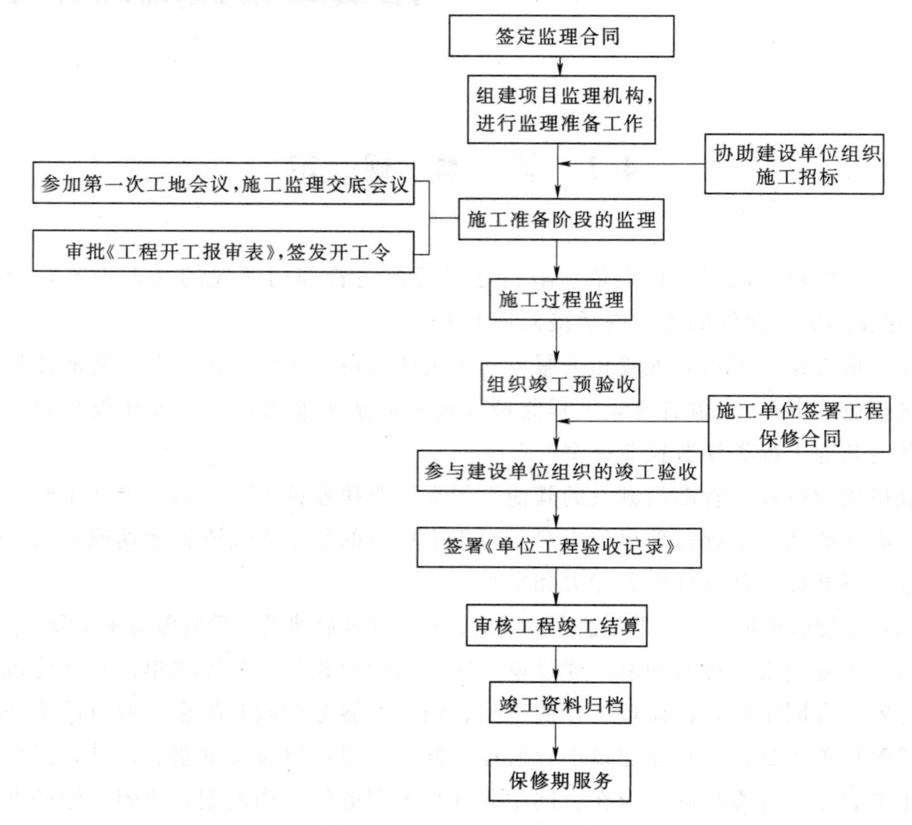

图4.1 工程监理工作程序

(11) 工程开工前，监理人员应参加由建设单位主持召开的第一次工地议。会议纪要由项目监理机构负责整理，与会各方代表会签。

第一次工地会议应包括以下主要内容：

1) 建设单位、施工单位和工程监理单位分别介绍各自驻现场的组织机构、人员及其分工。

2) 建设单位介绍工程项目概况、工程建设目标和相关要求。

3) 建设单位介绍本工程开工准备情况。

4) 建设单位根据监理合同宣布对总监理工程师的授权。

5) 总监理工程师介绍监理规划的主要内容。

6) 施工单位介绍施工准备情况。

7) 建设单位和总监理工程师对施工准备情况提出意见和要求。

8）研究确定各方在施工过程中参加监理例会的主要人员，召开监理例会的周期、地点及主要议题。

（12）工程开工前，总监理工程师应主持监理工作交底。参加监理工作交底的人员应包括建设单位现场代表、项目监理机构有关人员和施工项目部项目经理及其主要管理人员。交底应有书面记录，施工单位的项目经理应在交底记录上签字确认。

（13）项目监理机构应定期召开监理例会，组织有关单位研究解决与监理相关的问题。项目监理机构可根据工程需要，主持或参加专题会议，协调解决监理工作范围内工程专项问题。

监理例会、专题会议的会议纪要由项目监理机构负责整理，与会各方代表会签，会议纪要应发放到有关各方，并有签收手续。

1）参加监理例会的应包含下列人员：①总监理工程师和有关监理人员；②施工单位的项目经理、技术负责人、质量负责人、安全负责人及有关专业负责人员；③建设单位代表；④根据会议议题的需要可邀请勘察单位、设计单位、分包单位及其他单位的有关人员参加。

2）监理例会应包括以下主要内容：①检查上次例会议定事项的落实情况，分析未完事项原因；②检查、分析工程进度计划完成情况，提出下一阶段进度目标及其落实措施；③检查、分析工程施工质量状况，针对存在的质量问题提出改进措施；④检查安全生产文明施工实施情况，针对安全隐患和文明施工存在的问题提出整改意见；⑤检查工程计量及工程款支付情况；⑥解决需要协调的有关事项；⑦提出下一步工作计划；⑧商讨其他有关事宜。

（14）项目监理机构应建立协调管理制度，采用有效方式协调工程建设相关方的关系。项目监理机构与工程建设相关方之间的工作联系，除另有规定外宜采用工作联系单形式进行。工作联系单应按相关要求填写。

（15）项目监理机构应及时审查施工单位报审的施工组织设计，符合要求的，由总监理工程师签认后报建设单位。施工组织设计的审查应有书面记录，并归入监理文件资料档案。施工组织设计审查应包括下列基本内容：

1）编审程序应符合相关规定，内容完整并符合相关要求。

2）施工进度、施工方案及工程质量保证措施应符合施工合同要求。

3）资金、劳动力、材料、设备资源供应计划应满足工程施工需要。

4）安全技术措施应符合工程建设强制性标准。

5）施工总平面布置应科学合理。

项目监理机构应要求施工单位按照已批准的施工组织设计组织施工。施工组织设计需要重大调整的，项目监理机构应按程序重新审查。施工组织设计报审表应按相关要求填写。

（16）总监理工程师应组织专业监理工程师审查施工单位报送的工程开工报审表及相关资料，同时具备以下条件的，由总监理工程师签署审查意见，报建设单位批准后，总监理工程师签发工程开工令。

1）施工组织设计已由总监理工程师签认。

2）施工单位现场质量、安全生产管理体系已建立，管理及施工人员已到位，施工机械具备使用条件，主要工程材料已落实。

3）用于施工的设计图纸满足施工需要，设计交底和图纸会审已完成。

4）进场道路及水、电、通讯等已满足开工要求。

工程开工报审表格式、工程开工令应按相关要求填写。

（17）分包工程开工前，项目监理机构应审核施工单位报送的分包单位资格报审表，专业监理工程师提出审查意见后，应由总监理工程师审核签认。

分包单位资格审核应包括下列基本内容：

1）营业执照、企业资质等级证书。

2）安全生产许可证。

3）类似工程业绩。

4）专职管理人员和特种作业人员的资格证书。

分包单位资格报审表应按相关要求填写。

（18）项目监理机构宜根据工程特点、施工合同、工程设计文件及经过批准的施工组织设计对工程风险进行分析，并宜提出工程质量、造价、进度目标控制及安全生产管理的监理防范性对策。

（19）项目监理机构发现下列情形之一的，总监理工程师应及时签发工程暂停令：

1）建设单位要求暂停施工且工程需要暂停施工的。

2）施工单位未经批准擅自施工或拒绝项目监理机构管理的。

3）施工单位未按审查通过的工程设计文件施工的。

4）施工单位违反工程建设强制性标准的。

5）施工存在重大质量、安全事故隐患或发生质量、安全事故的。

工程暂停令应按附表A5的要求填写。

（20）总监理工程师签发工程暂停令应事先征得建设单位同意，在紧急情况下也可先签发工程暂停令，在事后及时向建设单位作出书面报告。

（21）暂停施工事件发生时，项目监理机构应如实记录所发生的情况。当暂停施工原因消失，具备复工条件，施工单位提出复工申请的，项目监理机构应审查施工单位报送的复工报审表及有关材料，符合要求后，总监理工程师应及时签署审查意见，报建设单位批准后，签发复工令；施工单位未提出复工申请的，总监理工程师应根据工程实际情况指令施工单位恢复施工。

复工报审表、复工令应按相关要求填写。

（22）在工程实施过程中，项目监理机构应不定期检查施工单位主要管理人员到岗履责情况，对不能到岗或到岗但不履责的情况应向建设单位报告，必要时向建设主管部门报告。

4.2 组织机构和职责

4.2.1 一般规定

（1）工程监理单位履行建设工程监理合同时，应在施工现场派驻项目监理机构。项目监理机构的组织形式和规模，应根据建设工程监理合同约定的服务内容、期限，工程类别，以及工程特点、规模、技术复杂程度、环境等因素确定，并应满足合同约定以及建设主管部门规定的最低要求。

（2）工程监理单位在建设工程监理合同签订后，应及时将项目监理机构的成立文件、组织形式及对总监理工程师的任命书面通知建设单位。总监理工程师任命书应按相关要求填写。

（3）一名注册监理工程师可担任一项建设工程监理合同的总监理工程师，经建设单位书面同意，可同时担任多项建设工程的总监理工程师，但最多不得超过三项。对同时担任多项建设工程的总监理工程师的，工程监理单位应在其监理的各个工程现场配备总监理工程师代表。

（4）工程监理单位调换总监理工程师，应事先征得建设单位同意，并应书面报工程项目相应的建设监管部门备案，更换人员的资格等级不得低于被调换人员，并应符合监理合同要求；调换专业监理工程师，总监理工程师应书面通知建设单位和施工单位。

（5）施工现场监理工作完成合同约定的内容，或建设工程监理合同终止，项目监理机构可撤离施工现场；工程因故停工三个月及以上，项目监理机构与建设单位协商一致后可撤离施工现场，工程恢复施工时，工程监理单位可重新组建项目监理机构。

4.2.2 监理人员职责

1. 总监理工程师应履行下列职责

（1）确定项目监理机构人员及其岗位职责。

（2）组织编制监理规划，审批监理实施细则。

（3）根据工程进展及监理工作情况调配监理人员，检查监理人员工作，调换不称职监理人员。

（4）主持监理工作交底。

（5）组织召开监理例会。

（6）组织审核分包单位资格。

（7）组织审查施工组织设计、（专项）施工方案。

（8）审查开、复工报审表，签发开工令、工程暂停令和复工令。

（9）组织检查施工单位现场质量、安全生产管理体系的建立及运行情况。

(10) 组织审核施工单位的付款申请，签发工程款支付证书，组织审核竣工结算。

(11) 组织审查和处理工程变更。

(12) 调解建设单位与施工单位的合同争议，处理工程索赔。

(13) 组织验收分部工程，组织审查单位工程质量检验资料。

(14) 组织审查施工单位的竣工申请，组织工程竣工预验收，组织编写工程质量评估报告，参与工程竣工验收。

(15) 参与或配合工程质量安全事故的调查和处理。

(16) 组织编写监理月报、专题报告和监理工作总结，组织整理监理文件资料。

2. 总监理工程师不得将下列工作委托给总监理工程师代表

(1) 组织编制监理规划，审批监理实施细则。

(2) 根据工程进展及监理工作情况调配监理人员。

(3) 组织审查施工组织设计、(专项) 施工方案。

(4) 签发工程开工令、暂停令和复工令。

(5) 签发工程款支付证书，组织审核竣工结算。

(6) 调解建设单位与施工单位的合同争议，处理工程索赔。

(7) 审查施工单位的竣工申请，组织工程竣工预验收，组织编写工程质量评估报告，参与工程竣工验收。

(8) 参与或配合工程质量安全事故的调查和处理。

总监理工程师代表授权书应按附表 A1-1 的要求填写。

3. 总监理工程师代表应履行下列职责

(1) 负责总监理工程师指定或交办的监理工作。

(2) 按总监理工程师的授权，行使总监理工程师的部分职责和权力。

(3) 向总监理工程师报告监理工作情况。

4. 专业监理工程师应履行下列职责

(1) 参与编制监理规划，负责编制监理实施细则。

(2) 落实监理规划和监理实施细则中涉及本专业的监理工作要求。

(3) 审查施工单位提交的涉及本专业的报审文件，提出审查意见并向总监理工程师报告。

(4) 审查特种作业人员资格证。

(5) 参与审核分包单位资格。

(6) 指导、检查监理员工作，定期向总监理工程师报告本专业监理工作实施情况。

(7) 检查进场的工程材料、设备、构配件的质量。

(8) 验收检验批、隐蔽工程、分项工程，参与验收分部工程。

(9) 参与工程关键部位或关键工序的检查监督。

(10) 负责本专业的隐患排查，处置发现的质量问题和安全事故隐患。

(11) 负责工程计量，参与审核施工单位的付款申请。

（12）参与工程变更的审查和处理。

（13）组织编写监理日志，参与编写监理月报。

（14）收集、汇总、参与整理监理文件资料。

（15）参与工程竣工预验收和竣工验收。

5. 监理员应履行下列职责

（1）检查施工单位投入工程的人力、材料、主要设备的使用及运行状况。

（2）现场核查特种作业人员上岗资格。

（3）进行见证取样。

（4）复核工程计量有关数据。

（5）检查和记录工艺过程或施工工序。

（6）参与施工质量、安全隐患排查，对发现的问题及时指出并向专业监理工程师或总监理工程师报告。

（7）记录施工现场监理工作情况。

4.3 监 理 设 施

（1）建设单位应按照建设工程监理合同约定，提供监理工作需要的办公、交通、通讯、生活等相关设施。

项目监理机构应妥善使用和保管建设单位提供的设施，并应按建设工程监理合同约定的时间移交建设单位。

（2）工程监理单位应根据监理业务范围和建设工程监理合同的约定配备满足项目监理机构工作需要的检测设备和工器具。

（3）项目监理机构宜实施建设工程监理信息化，实施监理工作的计算机辅助管理。

4.4 监理规划和监理实施细则

4.4.1 一般规定

（1）监理规划应结合工程实际情况明确项目监理机构的工作目标，确定具体的监理工作制度、内容、程序、方法和措施，具有指导性和针对性，并应在第一次工地会议前报送建设单位。

（2）对建筑节能、绿色建筑等专业性较强或深基坑、高支模等危险性较大的分部分项工程，以及采用新材料、新工艺、新技术、新设备的工程，项目监理机构应编制监理实施细则。

（3）监理实施细则应符合监理规划的要求，应结合工程特点，具有可操作性。

4.4.2 监理规划

1. 监理规划编审应遵循下列程序

（1）监理规划应由总监理工程师组织、专业监理工程师参加编制。

（2）总监理工程师签字后由工程监理单位技术负责人审批。

2. 监理规划编制依据

（1）建设工程的相关法律、法规和规范性文件。

（2）建设工程项目相关标准、设计文件、技术资料。

（3）监理大纲、监理合同文件以及与建设工程项目相关的合同文件。

3. 监理规划应包括下列内容

（1）工程概况。

（2）监理工作的范围、内容、目标。

（3）监理工作依据。

（4）监理组织形式、人员配备及进场计划、监理人员岗位职责。

（5）工程重点、难点、控制要点及相关风险分析。

（6）工程质量控制。

（7）工程造价控制。

（8）工程进度控制。

（9）安全生产管理的监理工作。

（10）组织协调。

（11）合同与信息管理。

（12）监理工作制度。

（13）监理工作设施。

（14）拟编制的监理实施细则计划。

4. 其他

在监理工作实施过程中，如实际情况或条件发生变化而需要调整监理规划时，应由总监理工程师组织专业监理工程师修改，经工程监理单位技术负责人批准后报建设单位。

4.4.3 监理实施细则

（1）监理实施细则应在相应工程施工开始前由专业监理工程师编制，总监理工程师审批。

（2）监理实施细则的编制依据：

1）监理规划、监理合同和施工合同。

2）建设工程相关标准、设计文件及相关技术资料。

3）施工组织设计、专项施工方案。

(3) 监理实施细应包括下列内容：

1) 专业工程特点。

2) 监理工作流程。

3) 监理工作要点。

4) 监理工作方法及措施。

(4) 在监理工作实施过程中，如实际情况或条件发生变化而需要调整监理实施细则时，专业监理工程师应及时进行修改，并应经总监理工程师审批后实施。

(5) 项目监理机构应根据建设工程施工质量验收规范的要求编制见证取样和送检计划，计划应包括下列主要内容：

1) 工程概况。

2) 见证取样和送检的依据。

3) 见证取样和送检项目的范围。

4) 见证取样送检程序。

5) 见证取样和送检的内容、方法、数量和要求。

6) 见证人员的职责。

4.5 工程质量控制

4.5.1 一般规定

(1) 项目监理机构应按照建设工程施工合同约定，明确质量控制目标并分解，制定相应的控制措施，实施质量控制工作。

(2) 项目监理机构应建立、健全工程质量控制制度，制定明确的质量控制流程。同时，应督促施工单位建立健全质量管理体系并落实。

(3) 专业监理工程师应审查施工单位报送的新材料、新工艺、新技术、新设备的质量证明资料和相关验收标准的适用性，当需要专题论证时，按有关规定执行。

(4) 项目监理机构发现施工存在质量问题的，专业监理工程师应及时记录，并签发监理通知单，责令施工单位整改。整改完毕后，项目监理机构应根据施工单位报送的监理通知回复单对整改情况进行复查，提出复查意见。

监理通知单、监理通知回复单应按相关要求填写。

(5) 总监理工程师应将现场质量验收的结果作为工程款支付的条件。工程质量不合格的，总监理工程师应拒绝签认该部分工程量的支付证书。

4.5.2 工程质量控制的程序

(1) 材料、构配件及设备进场质量验收应按下列程序执行（图 4.2)。

(2) 检验批、分项、分部工程验收应按下列程序执行（图 4.3)。

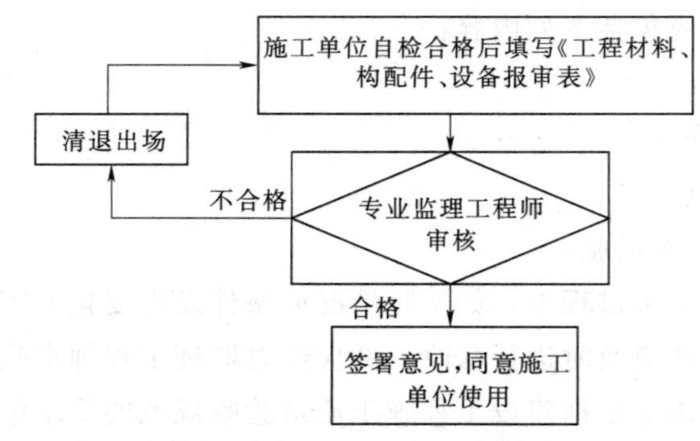

图 4.2 材料、构配件及设备进场质量验收程序

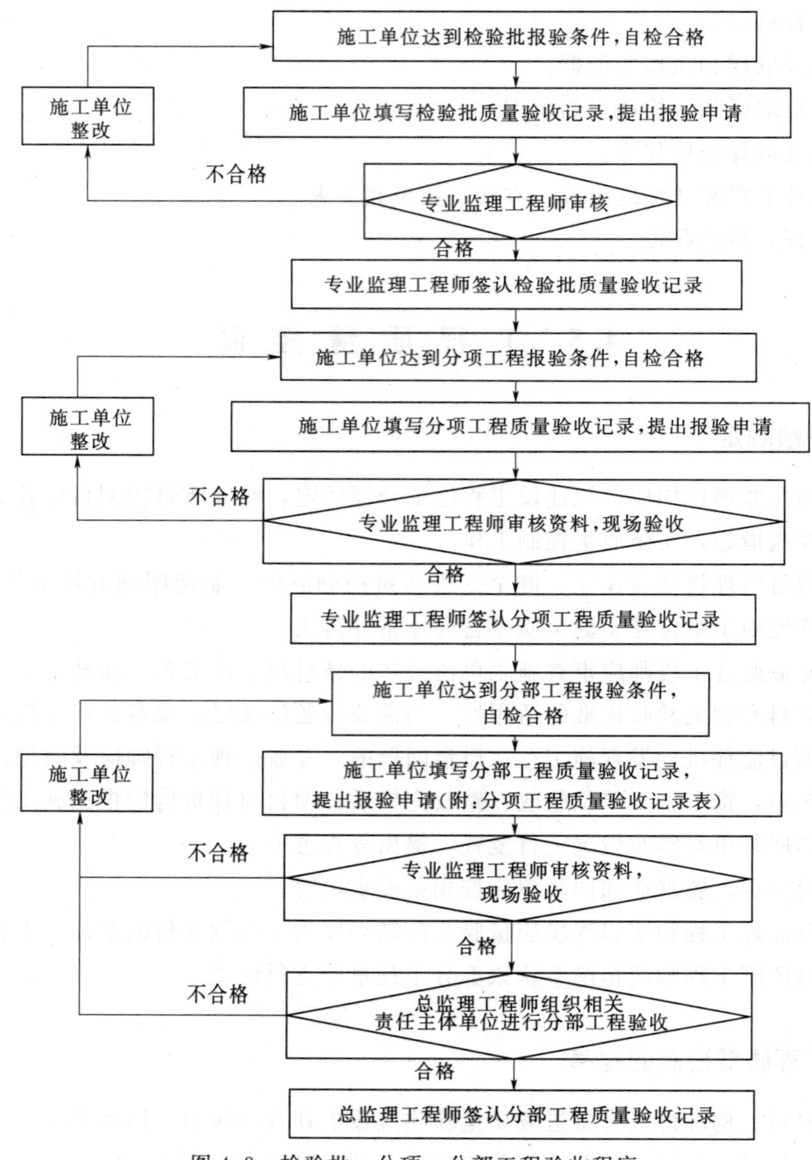

图 4.3 检验批、分项、分部工程验收程序

（3）单位工程竣工预验收应按下列程序执行（图 4.4）。

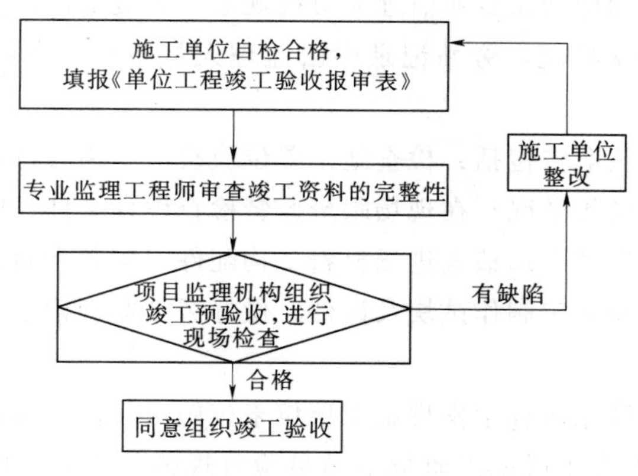

图 4.4 单位工程竣工预验收程序

4.5.3 质量控制的方法

1. 见证取样

（1）项目监理机构应指定监理人员负责见证取样工作。

（2）见证取样人员应按规范规定和合同约定对需要复试的进场材料、构配件或设备进行见证取样，并建立见证取样试验台账。

（3）按规定程序复试不合格的材料、构配件、设备不得用于工程，并要求施工单位限期撤出施工现场。

（4）涉及建筑节能分部工程的材料、构配件和设备的复试，应做到100%见证取样。当见证取样出现异常情况时，见证取样人员应及时向总监理工程师报告。

2. 巡视

（1）总监理工程师应安排监理人员对施工过程的工程质量情况进行巡视，专业监理工程师一般每天巡视现场两次。

（2）巡视应包括下列主要内容：施工单位是否按工程设计文件、工程建设标准、批准的施工组织设计、（专项）施工方案施工；使用的材料、构配件或设备是否合格；施工现场管理人员，特别是施工质量管理人员是否到位；施工操作人员的技术水平、操作条件是否满足工艺操作要求，特种操作人员是否持证上岗；施工环境是否对工程质量产生影响；施工部位是否存在质量、安全隐患。

（3）监理人员在巡视中发现施工过程存在质量问题和质量隐患的，应及时纠正或书面通知施工单位整改。

（4）专业监理工程师应将本专业工程施工质量的巡视情况、质量问题和质量隐患的整改及落实情况记录在监理日志中，必要时应附图像（影像）资料。

3. 旁站

（1）项目监理机构应按规定编制旁站监理方案，明确旁站监理范围、内容、程序和旁站监理职责，送建设、施工单位各一份。

（2）总监理工程师应指派专业监理人员按规定对关键部位、关键工序的施工过程进行旁站，并记录旁站情况，旁站记录应由监理人员签字。旁站记录表按相关要求填写。

（3）旁站监理人员职责包括：检查施工单位质检员到岗、特殊工种持证上岗及施工机械、建筑材料准备等情况；在现场跟班监督检查设计文件、施工方案及工程建设强制性标准执行、落实情况；核查进场材料、构配件、设备和商品混凝土的质量检验报告，督促施工单位按规定制作试块及试件；做好旁站监理记录，保存旁站监理原始资料。

（4）监理人员在旁站过程中发现施工单位未按施工规范、设计文件和施工组织设计、（专项）施工方案施工或施工质量不满足验收规范要求时，应及时纠正或签发监理通知单，要求施工单位整改。

4. 平行检验

项目监理机构应按有关规范、技术标准规定和建设工程监理合同约定，对材料、构配件、设备和工程实体质量进行平行检验。

4.5.4 施工准备阶段质量控制的工作内容

（1）项目监理机构应在监理规划和监理实施细则中明确所监理工程项目的主要质量控制点，并制定针对性的控制方法和措施。

（2）监理人员应认真熟悉施工图设计文件，对影响工程质量和使用功能的设计缺陷提出建议，参加图纸会审和设计交底。

（3）对于设计文件发生变更的，应及时标示于施工图上。

（4）项目监理机构应按规定审查施工单位现场质量管理体系。

（5）项目监理机构应对施工单位上报的检验批划分计划的合理性、正确性进行审查。

（6）项目监理机构在分部分项工程开工前应审查施工单位报送的专项施工方案，收到施工单位的报审申请后应在 5 日内完成审查，并提出审查意见。审查的主要内容包括：

1）编审程序及人员资格应符合相关规定。

2）施工方案中的质量管理体系满足施工要求。

3）施工方法、施工工艺应符合工程建设强制性标准。

4）质量目标应符合施工组织设计要求。

5）质量控制点的设定应合理，质量保证措施应符合有关标准。

6）安全、环保、消防、节能和文明施工措施应符合有关规定。

专项施工方案报审表应按相关要求填写。

（7）工程开工前，专业监理工程师应核查为工程提供服务的试验室资格等情况。

收到施工单位的报审申请后应在3日内完成审查。试验室的核查应包括下列内容：

1）试验室的资质等级及试验范围。

2）法定计量部门对试验设备出具的计量检定证明。

3）试验室管理制度。

4）试验人员资格证书。

试验室资格报审表按相关要求填写。

（8）工程开工前，专业监理工程师应检查、复核施工单位报送的施工控制测量成果及保护措施，并签署意见。

施工控制测量成果报验表按相关要求填写。

4.5.5 施工阶段质量控制的工作内容

1. 材料、构配件、设备验收

（1）项目监理机构应审查施工单位报送的用于工程的材料、构配件、设备的报审表。

（2）专业监理工程师应检查材料、构配件、设备的出厂合格证、检验报告、材质化验单等质量证明文件，并检查材料、构配件、设备的外观质量。对未经监理人员验收或验收不合格的工程材料、构配件、设备，监理人员不得签署合格意见，同时应签发监理通知，书面通知施工单位限期将不合格的工程材料、构配件、设备撤出现场，撤出现场时，项目监理机构应拍照记录并存档。已用于工程的应予以处理，并做好相关的记录。

材料、构配件或设备的报审表按相关要求填写。

（3）项目监理机构应按规定做好见证取样工作。

（4）对于规范规定需要复试检验的材料、构配件或设备，专业监理工程师应审查复试检验结果，复试结果不合格的不得在工程中使用。

2. 隐蔽工程验收

（1）隐蔽工程在隐蔽前，项目监理机构应要求施工单位先行组织内部检查合格后，按规定填好各类隐蔽工程检查表，签认手续完备后，报专业监理工程师。

隐蔽工程报审表按相关要求填写。

（2）施工单位项目技术负责人或质量检查工程师于隐蔽检查48h前或特别商定时间内，向监理工程师报验。遇到特殊情况，监理工程师可根据监理合同适当调整时间，以保证工程的顺利实施。

（3）专业监理工程师应在约定的时限内到现场进行检查、核实，并要求施工单位质检人员参与并配合检查。

（4）专业监理工程师确认隐蔽工程合格后，签字认可，并准许施工单位进行下一道工序施工。

（5）对于检查不合格的工程或检验批所填内容与实际不符的，监理工程师应在工程报验申请表上签署检查不合格及整改意见；严重的，可签发监理通知单，责令施工单位限期对不合格工程进行整改，经整改合格后，向监理工程师重新报验。

（6）项目监理机构对已同意覆盖的工程隐蔽部位质量有疑问的，或发现施工单位私自覆盖工程隐蔽部位的，应要求施工单位对该隐蔽部位进行钻孔探测、剥离或其他方法进行重新检验。

（7）特殊设计的、与原设计图变动较大的或监理认为需要设计单位参与检查的隐蔽工程，还应要求设计单位驻工地代表参加验收。

3. 检验批、分项、分部工程验收

（1）项目监理机构应要求施工单位先行组织内部检查合格。

（2）施工单位自检合格后，填写工程报验单及相关检验批或分项、分部工程质量验收记录表，向监理工程师进行报验。

检验批和分项工程报审表按相关要求填写。分部工程报审表按附表 B8 的要求填写。

（3）监理工程师应按照验收标准规定，及时组织相关单位及人员，对施工单位提交的检验批、分项质量验收记录表进行现场复核，对施工质量进行验收。分项工程验收后合格后，总监理工程师组织进行分部工程的验收。对于地基处理、基础隐蔽等工程验收，应根据验收标准要求，组织勘察、设计单位参加，并在相关资料上签认。

（4）检验批、分项、分部工程质量经验收合格后，监理工程师应及时签认相关资料。未经签认的工序，不得进行下道工序施工。

（5）如验收不合格，监理工程师应通知施工单位进行返工或修整处理，自检合格后，监理工程师重新组织验收。

4. 竣工预验收、竣工验收

（1）单位工程竣工验收前，施工单位应报送单位工程竣工验收报审表及竣工验收资料。总监理工程师应组织各专业监理工程师、施工单位项目负责人、技术负责人和质量负责人等对单位工程进行竣工预验收。当为住宅工程时，项目监理机构应按照当地建设主管部门有关分户验收的要求进行竣工预验收。

（2）单位工程竣工预验收存在问题的，项目监理机构应签发监理通知单要求施工单位及时整改，整改合格后重新报验。

（3）单位工程竣工预验收合格后，项目监理机构应编写工程质量评估报告，并应经总监理工程师和工程监理单位技术负责人审核批准后，报建设单位，由建设单位组织竣工验收。

（4）总监理工程师、专业监理工程师应参加建设单位组织的竣工验收，并由总监理工程师签认竣工验收表。竣工验收各方对单位工程质量、使用功能等提出的问题，由项目监理机构整理形成竣工验收纪要，经各方签认后，通知施工单位及时整改完善，整改完善后重新验收。

（5）项目监理机构对单位工程竣工预验收、竣工验收应主要检验以下内容：

1）单位工程工程竣工资料是否完整。

2）单位工程所含各分部工程质量是否均已验收合格。

3）是否已按设计和施工承包合同要求完成全部施工内容。

4）单位工程是否已满足设计及使用功能要求。

5）各系统功能性检验、检测是否均已合格。

6）消防、人防、环保、节能等专业验收是否已通过。

7）实测观感质量是否满足质量验收标准的要求。

单位工程竣工（预）验收报审表按相关要求填写。

（6）项目监理机构应审查并签署施工单位提供的竣工图。

4.6 工程造价控制

4.6.1 一般规定

（1）项目监理机构应按监理合同约定做好工程造价控制工作，严格执行建设工程施工合同中约定的合同价、单价和工程款支付方式。

（2）项目监理机构应根据监理合同约定和工程实际情况对工程造价目标进行分析并制定防范性措施。

（3）项目监理机构应建立月完成工程量统计表，对实际完成量与计划完成量进行比较分析，发现偏差的，应提出调整建议，并应在监理月报中向建设单位报告。

（4）专业监理工程师应及时记录、收集、整理有关的施工和监理资料，为造价控制提供依据。

4.6.2 工程造价控制的程序

（1）工程计量和进度款支付应按下列程序执行（图4.5）。

（2）工程竣工结算审核应按下列程序执行（图4.6）。

4.6.3 工程计量和工程款支付

（1）工程计量应合法、真实、准确、及时。

（2）计量的内容应符合合同文件约定并达到合同约定的质量要求，且无安全、环保、节能问题和隐患。

（3）未经验收或验收不合格的，不予计量。

（4）专业监理工程师审核施工单位当期实际完成的工程量，对工程量有异议的，应协商处理。

（5）工程计量及工程款支付的审核应符合建设工程施工合同约定的时限要求。

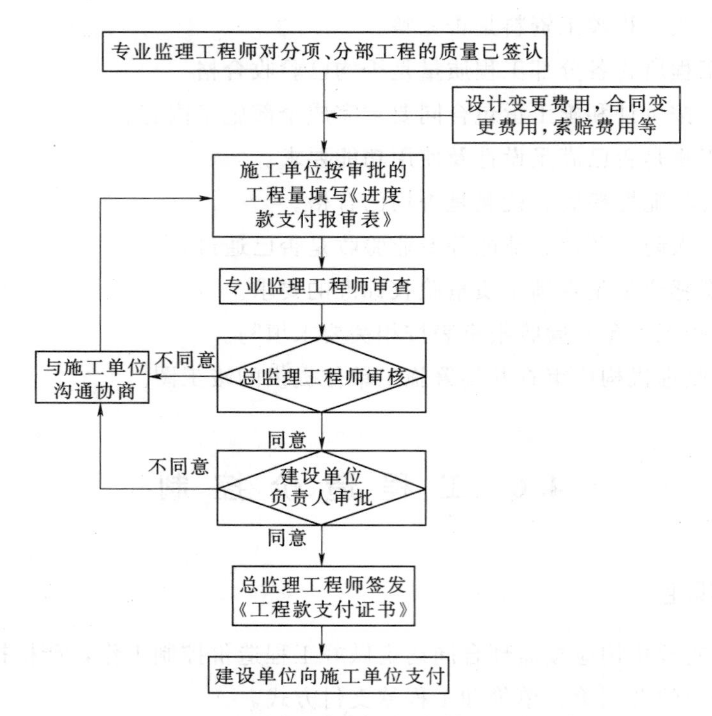

图4.5 工程计量和进度款支付的工作程序

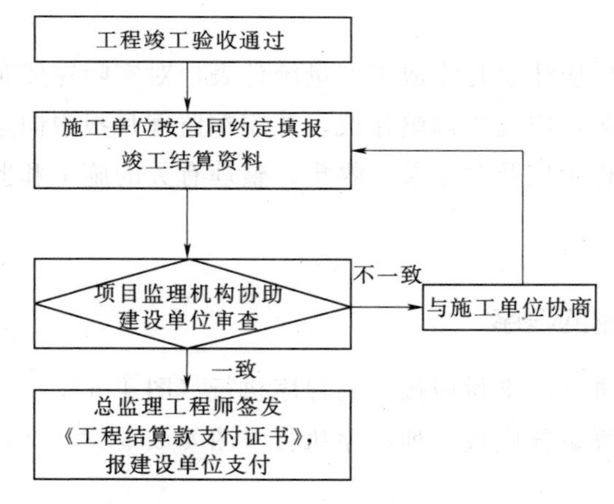

图4.6 工程竣工结算审核的工作程序

(6) 工程计量及工程款支付经总监理工程师审核后应报建设单位审批，建设单位同意后总监理工程师签发《工程款支付证书》。对建设单位有异议的，总监理工程师应组织建设单位和施工单位协商确定。

工程款支付报审表、工程款支付证书按相关要求填写。

4.6.4 工程经济签证

(1) 对属于施工合同约定以外的事件所引起的费用，当施工单位在规定时间内提出签证要求时，项目监理机构应客观公正、实事求是地予以签证。

（2）工程经济签证的范围：

1）施工合同范围以外零星工程的确认。

2）在工程施工过程中发生变更后需要现场确认的工程量。

3）非承包人原因导致的人工、设备窝工及有关损失。

4）符合施工合同规定的非承包人原因引起的工程量或费用。

5）确认修改施工方案引起的工程施工措施费增减。

6）工程变更导致的工程量或费用增减。

7）其他应予以签证的情况。

（3）工程经济签证应包括下列内容：

1）签证原因。

2）签证事实发生日期或完成日期。

3）签证提交日期。

4）签证位置、尺寸、数量、材料等（签证数量应有逻辑关系清晰的计算式）。

5）执行签证事实的依据，如为书面文件，应附后。

6）签证事实及完成情况简述。

7）附图、附照片。

8）施工单位经办人、项目经理签名并加盖项目经理部印章。

（4）工程经济签证办理程序：

1）工程经济签证发生之前，施工单位及时向建设单位和项目监理机构提出签证要求并提供相关资料。

2）签证事项发生时，项目监理机构会同建设单位、施工单位相关人员共同现场计量、确认，形成各方签字认可的原始凭证。

3）施工单位在合同约定的时效内填写工程经济签证单，并向项目监理机构报签证文件，包括签证原因、内容、工程量等，应附图和原始凭证，必要时附现场照片。

4）专业监理工程师应重点审查签证事项描述、附图（表）、工程量等内容，审核无误并经总监理工程师签署意见后，报建设单位审批。

4.6.5 竣工结算审核

（1）建设单位将竣工结算审核相关服务与施工阶段的造价控制一并委托的，应在合同中明确竣工结算审核相关服务的工作内容、服务期限和酬金等相关条款。

（2）项目监理机构应按下列程序进行竣工结算款审核：

1）专业监理工程师审查施工单位提交的竣工结算款支付申请，提出审查意见。

2）总监理工程师对专业监理工程师的审查意见进行审核，签认后报建设单位审批，并抄送施工单位，并就工程竣工结算事宜与建设单位、施工单位协商；达成一致意见的，根据建设单位审批意见向施工单位签发竣工结算款支付证书；不能达成一致意见的，应按施工合同约定处理。

4.7 工 程 进 度 控 制

4.7.1 一般规定

（1）进度控制应遵循确保工程质量、安全并兼顾工程造价的原则，实施动态控制。

（2）项目监理机构应依据施工合同约定的工期目标和经过批准的工程延期确定控制目标。

（3）项目监理机构应在监理规划中对进度目标进行分析，并制定控制措施。

4.7.2 工程进度控制的程序

工程进度控制应按下列程序执行（图4.7）。

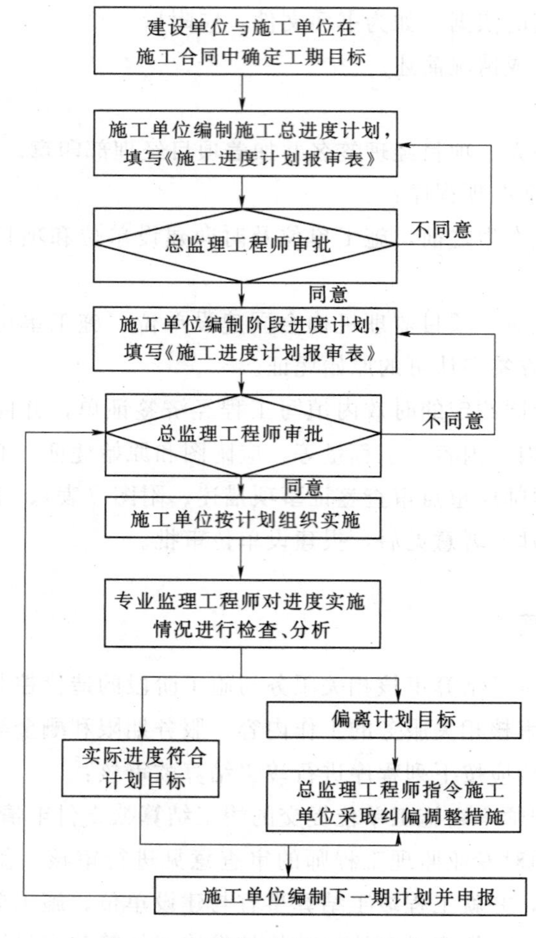

图4.7 工程进度控制的工作程序

4.7.3 进度控制工作内容

（1）项目监理机构应审查施工单位报审的施工总进度计划和阶段性施工进度计划，提出审查意见，经总监理工程师审核后报建设单位。

施工进度计划审查应包括下列基本内容：

1）施工进度计划应符合施工合同中工期的约定。

2）施工进度计划中主要工程项目无遗漏，应满足分批投入试运行、分批动用的需要，阶段性施工进度计划应满足总进度控制目标的要求。

3）施工顺序的安排应符合施工工艺要求。

4）施工人员、工程材料、施工机械等资源供应计划应满足施工进度计划的需要。

5）施工进度计划应符合建设单位提供的资金、施工图纸、施工场地、物资等施工条件。

施工进度计划报审表应相关要求填写。

（2）项目监理机构应定期检查施工现场的人员、材料、机械使用情况并检查施工进度计划的实施情况。

在实际进度严重滞后于计划进度且影响合同工期时，应签发监理通知单，要求施工单位采取调整措施加快施工进度。

（3）项目监理机构应督促施工单位上报每月进度计划，每月比较分析工程施工实际进度与计划进度，预测实际进度对工程总工期的影响，并应在监理月报中向建设单位报告工程实际进展情况。

（4）监理项目机构可采用前锋线比较法、S曲线比较法和香蕉曲线比较法等分析实际施工进度与计划进度，确定进度偏差并预测该进度偏差对工程总工期的影响。

（5）项目监理机构宜督促施工单位每周编制进度计划并审核，在每周监理例会上核查施工单位计划完成情况。

4.8 安全生产管理的监理工作

4.8.1 一般规定

（1）安全生产管理的监理工作应坚持“以人为本”、“安全第一、预防为主、综合治理”的方针，同时应遵循“谁主管、谁负责”的原则。

（2）监理单位应履行建设工程安全生产管理法定的职责。施工单位应对施工安全生产负主要责任，监理的安全管理工作不能代替施工单位的安全管理。

（3）监理单位应建立安全生产管理的监理工作的管理体系，监理单位的主要负责人对本单位的安全生产管理的监理工作负责，总监理工程师对项目监理机构的施工安全生产管理的监理工作负责。

(4) 项目监理机构应根据法律法规、工程建设强制性标准，履行建设工程安全生产管理的监理职责，并应将安全生产管理的监理工作内容、方法和措施纳入监理规划及监理实施细则。

(5) 开工前，建设单位应向项目监理机构提供与工程施工安全有关的文件和资料。

(6) 项目监理机构应建立相应的安全生产管理的监理工作制度，该工作制度应包括下列基本内容：

1) 方案审查制度。

2) 特种作业人员核查制度。

3) 施工安全专项检查制度。

4) 专题会议制度。

5) 专项报告制度。

6) 资料管理制度。

7) 其他为落实安全生产管理的监理工作所必需的制度。

4.8.2 安全生产管理的监理工作程序

(1) 施工准备阶段的安全生产管理的监理工作应按下列程序执行（图4.8）。

(2) 施工阶段的安全生产管理的监理工作应按下列程序执行（图4.9）。

4.8.3 安全生产管理的监理工作方法

(1) 项目监理机构应审查施工单位现场安全生产规章制度的建立和实施情况，并应审查施工单位安全生产许可证及施工单位项目经理、专职安全生产管理人员和特种作业人员的资格，同时应核查施工机械和设施的安全许可验收手续。

(2) 项目监理机构应定期组织安全生产检查；监理人员应对施工现场安全的生产情况进行巡视，并做好书面记录；若发现安全隐患，应及时向施工单位发出监理指令，要求其立即整改并将整改结果报送项目监理机构进行复查。

(3) 项目监理机构在监理例会上，应通报上一次例会议定的安全生产事项的落实情况，分析未落实事项的原因，提出监理意见，并共同确定下一阶段施工安全生产管理工作内容。

(4) 项目监理机构应按规定程序向建设单位或建设行政主管部门报告安全生产管理的监理工作：

1) 项目监理机构应每月总结施工安全生产的情况，并写入监理月报，向建设单位报告。

2) 针对施工单位的安全生产状况和对监理指令的执行情况，总监理工程师认为

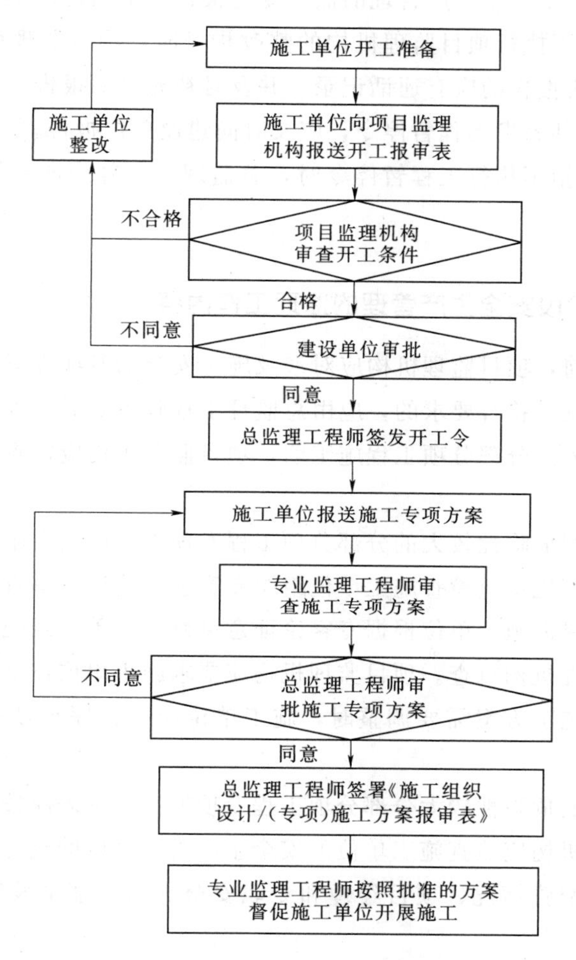

图 4.8 施工准备阶段的安全生产管理的监理工作程序

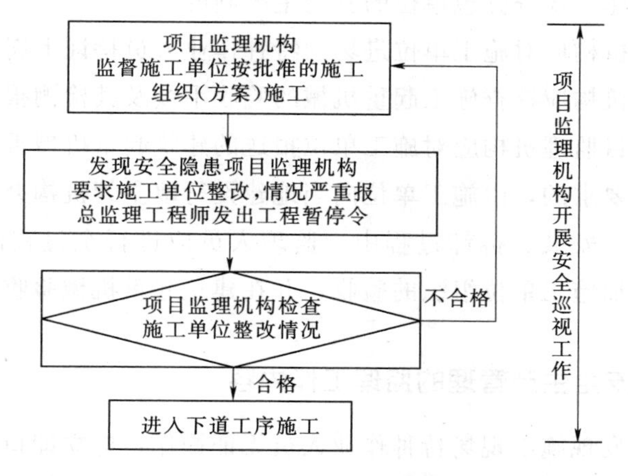

图 4.9 施工阶段的安全生产管理的监理工作程序

有必要时，可编制施工安全生产管理的监理专题报告，报送建设单位。

3）当施工单位不执行项目监理机构的整改指令时，项目监理机构应及时报告建设单位，以电话形式报告的应有通话记录，并及时补充书面报告。

4）总监理工程师签发工程暂停令，应及时向建设单位报告。

5）当施工单位拒不执行工程暂停令时，总监理工程师应向建设单位和建设行政主管部门报告。

4.8.4 施工准备阶段安全生产管理的监理工作内容

（1）工程开工前，项目监理机构应对涉及施工安全的专项方案、技术措施进行审查，并提出审查意见；符合要求的，应由总监理工程师签认后实施。

（2）危险性较大的分部分项工程施工前，项目监理机构应审查施工单位报送的专项施工方案。

超过一定规模的危险性较大的分部分项工程专项方案应当由施工单位组织召开专家论证会，项目监理机构应检查施工单位组织专家进行论证、审查情况，以及是否附具安全验算结果，督促施工单位根据专家论证意见修改完善，经施工单位技术负责人审批后，报项目监理机构审查。项目监理机构应要求施工单位按已批准的专项施工方案组织施工。专项施工方案需要调整时，施工单位应按程序重新提交项目监理机构审查。

超过一定规模的危险性较大分部分项工程专项方案报审表应按相关要求填写。

（3）项目监理机构应检查施工单位的安全生产管理制度的建立情况、现场专职安全生产管理人员的配置情况、项目经理和专职安全员岗位证书及特种人员的资格证书等。

（4）项目监理机构应要求施工单位提交与分包单位签订的施工安全生产管理协议书，督促施工单位建立检查分包单位的安全生产制度。

（5）项目监理机构应对施工单位进场的特种作业人员持证上岗情况进行核查。

（6）项目监理机构应核查施工起重机械的验收手续及其检测报告。建筑起重机械安装、拆卸前，项目监理机构应对施工单位报送的建筑起重机械拆装报审表及所附资料进行审查。符合要求的，由施工单位向当地建设行政主管机构办理告知手续后，方可进行安装或拆卸。安装、拆卸过程中，监理人员应进行全过程的旁站；安装完成后，监理人员应参加施工单位组织的验收，并在建筑起重机械验收记录上签署意见。

4.8.5 施工阶段安全生产管理的监理工作内容

（1）监理人员发现施工现场特种作业人员无证操作，应立即口头制止，并要求施工单位撤出无证人员；施工单位不执行口头指令的，监理人员应立即签发监理通知单，要求施工单位执行，并报告总监理工程师。

（2）项目监理机构应对施工单位报验的脚手架使用钢管、扣件、安全网等进行检查，所检查的材料合格证及检测试验报告应符合要求。

当监理人员发现材料不合格时，应立即指令施工单位将不合格的材料限期撤出施工现场。

（3）建筑起重机械安装前，项目监理机构应对设备基础进行验收。

建筑起重机械在安装、加节作业完成后，项目监理机构应按相关要求进行资料核查和验收。

项目监理机构应监督施工单位在建筑起重机械验收合格30天内到建设行政主管部门办理使用登记。

（4）在施工单位自检合格的基础上，项目监理机构应对模板支撑体系、自升式模板体系、落地式脚手架、悬挑脚手架、工具式脚手架、临时用电和基坑支护等重要的安全设施进行检查或验收。

（5）监理人员应依据专项施工方案及工程建设强制性标准对危险性较大的分部分项工程作业进行检查，发现未按专项施工方案实施时，应签发监理通知单，要求施工单位按专项方案实施。

（6）项目监理机构在实施监理过程中，应开展安全隐患排查工作，发现存在安全隐患时，应立即签发监理通知单，要求施工单位予以整改。情况严重时，应立即签发工程暂停令，并及时报告建设单位。施工单位拒不整改或不停止施工时，项目监理机构应及时向有关建设主管部门报告。

监理报告应按相关要求填写。

（7）当施工现场发生安全事故后，项目监理机构应及时向监理单位报告，立即签发工程暂停令，督促施工单位迅速保护现场，抢救人员，采取措施防止事态发展扩大，同时收集与事故有关的资料，参与、配合事故调查和处理。

（8）事故调查处理结束后，项目监理机构应按照事故调查组提出的处理意见，检查施工单位落实情况，审查施工单位报送的工程复工报审表，并由总监理工程师签署意见。

4.9　合　同　管　理

4.9.1　一般规定

（1）项目监理机构应依据建设工程监理合同的约定进行施工合同管理，处理工程暂停及复工、工程变更、索赔及施工合同争议、解除等事宜。

（2）施工合同终止时，项目监理机构应协助建设单位按施工合同约定处理施工合同终止的有关事宜。

4.9.2 工程变更

（1）项目监理机构处理工程变更应取得建设单位的授权。

（2）项目监理机构可按下列程序处理施工单位提出的工程变更：

1）总监理工程师组织专业监理工程师审查施工单位提出的工程变更申请，提出审查意见。对涉及工程设计文件修改的工程变更，应由建设单位转交原设计单位修改工程设计文件。必要时，项目监理机构应建议建设单位组织设计、施工等单位召开论证工程设计文件的修改方案的专题会议。

2）总监理工程师组织专业监理工程师对工程变更费用及工期影响作出评估。

3）总监理工程师组织建设单位、施工单位等共同协商确定工程变更费用及工期变化，会签工程变更单。

4）项目监理机构根据批准的工程变更文件监督施工单位实施工程变更。

工程变更单应按相关要求填写。

（3）发生工程变更，应经过建设单位、设计单位、施工单位和工程监理单位的签认，并通过总监理工程师下达变更指令后，施工单位方可进行施工。

工程变更需要修改工程设计文件，涉及消防、人防、环保、节能、结构等内容的，应按规定经有关部门重新审查。

（4）当建设单位和施工单位未能就工程变更费用达成一致的，项目监理机构可提出一个暂定的价格，并经过建设单位同意，作为临时支付工程款的依据。工程变更款项最终结算时，应以建设单位与施工单位达成的协议为依据。

（5）项目监理机构可对建设单位要求的工程变更提出评估意见，并应督促施工单位按会签后的工程变更单组织施工。

（6）经批准的工程变更，其变更内容应由监理人员及时在图纸中进行登记和标识。

4.9.3 费用索赔

（1）项目监理机构处理费用索赔的主要依据。

1）有关的法律、法规。

2）勘察设计文件、施工合同文件。

3）工程建设标准。

4）索赔事件的证据。

（2）项目监理机构处理费用索赔的主要任务。

1）对可能导致索赔事件的原因有充分的预测和防范。

2）通过合同管理防止索赔事件的发生。

3）对已发生的索赔事件及时采取措施，以降低其影响及损失。

4）及时收集、整理有关工程费用的原始资料，为处理费用索赔提供证据。

5）主持索赔的处理，审核索赔报告，提出监理意见。

（3）当施工单位提出费用索赔的理由满足以下条件时，项目监理机构应予以受理：

1）施工单位已按照施工合同规定的期限提出费用索赔。

2）索赔事件是由于非施工单位原因造成，且符合施工合同约定。

3）索赔事件造成了施工单位直接经济损失。

费用索赔意向通知书、费用索赔报审表应按相关要求填写。

（4）费用索赔处理可按下列程序执行（图4.10）。

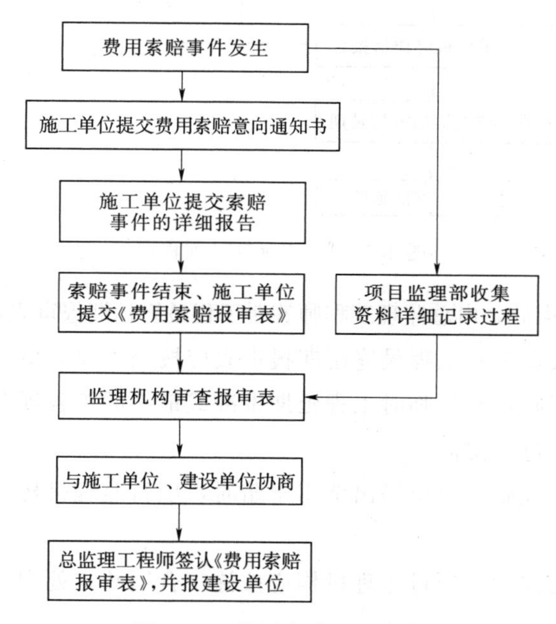

图4.10 费用索赔处理程序

（5）当施工单位的费用索赔要求与工程延期要求相关联时，项目监理机构应提出费用索赔和工程延期的综合处理意见，并与建设单位和施工单位协商。

（6）因施工单位原因造成建设单位损失，建设单位提出索赔的，项目监理机构应与建设单位和施工单位协商处理。

4.9.4 工程延期及工期延误的处理

（1）工程延期处理可按下列程序执行（图4.11）。

（2）总监理工程师批准工程延期应同时满足下列三个条件：

1）施工单位在施工合同约定的期限内提出工程延期。

2）因非施工单位原因造成施工进度滞后。

3）施工进度滞后影响到施工合同约定的工期。

（3）延期事件持续发生的，总监理工程师应签署工程临时延期报审表，并通报建设单

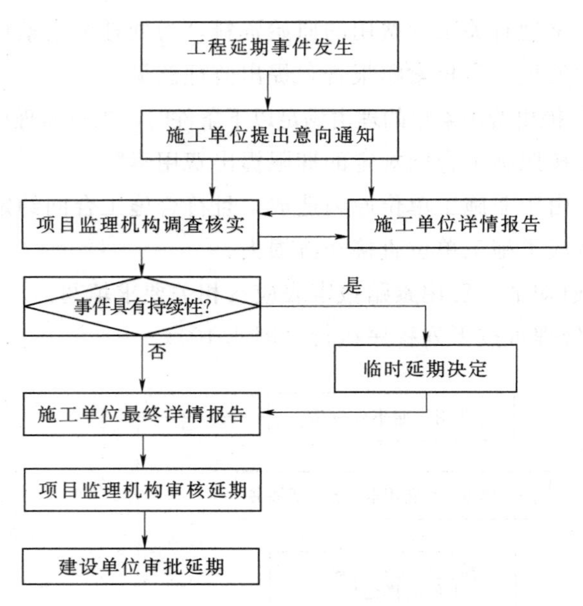

图 4.11 工程延期处理程序

位。工程延期事件结束后，由总监理工程师签署工程最终延期报审表，并报建设单位。

工程临时延期报审表和工程最终延期报审表应按相关要求填写。

（4）总监理工程师在作出临时工程延期批准或最终的工程延期批准之前，均应与建设单位和施工单位进行协商。

（5）工程延期造成施工单位提出费用索赔时，项目监理机构应按施工合同约定进行处理。

（6）发生工期延误时，项目监理机构应按施工合同约定处理。

4.9.5 施工合同争议的调解

（1）施工合同争议的调解可按下列程序执行（图 4.12）。

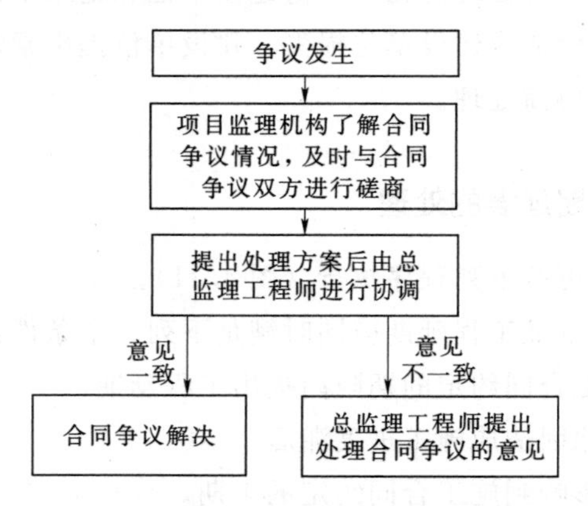

图 4.12 施工合同争议的调解程序

（2）施工合同争议调解应进行以下工作：

1）了解合同争议情况。

2）及时与合同争议的双方进行磋商。

3）提出处理方案，由总监理工程师进行协调。

4）当双方未能达成一致时，总监理工程师应提出处理合同争议的意见。

5）项目监理机构在施工合同争议处理过程中，对未达到施工合同约定的暂停履行合同条件的，应要求施工合同双方继续履行合同。

（3）在施工合同争议的仲裁或诉讼过程中，项目监理机构可按仲裁机关或法院要求提供与争议有关的证据。

4.9.6　施工合同解除

（1）因建设单位原因导致施工合同解除时，项目监理机构应按施工合同约定与建设单位和施工单位从下列款项中协商确定施工单位应得款项，并签认工程款支付证书。

1）施工单位按施工合同约定已完成的工作应得款项。

2）施工单位按批准的采购计划订购工程材料、构配件、设备的款项。

3）施工单位撤离施工设备至原基地或其他目的地的合理费用。

4）施工单位人员的合理遣返费用。

5）施工单位合理的利润补偿。

6）施工合同约定的建设单位应支付的违约金。

（2）因施工单位原因导致施工合同解除时，项目监理机构应按施工合同约定，从下列款项中确定施工单位应得款项或偿还建设单位的款项，并应与建设单位和施工单位协商后，书面提交施工单位应得款项或偿还建设单位款项的证明。

1）施工单位已按施工合同约定实际完成的工作应得款项和已给付的款项。

2）施工单位已提供的材料、构配件、设备和临时工程等的价值。

3）对已完工程进行检查和验收、移交工程资料、修复已完工程质量缺陷等所需的费用。

4）施工合同约定的施工单位应支付的违约金。

（3）因非建设单位、施工单位原因导致施工合同解除时，项目监理机构应按施工合同约定处理合同解除后的有关事宜。

4.10　设备采购与设备监造

4.10.1　一般规定

（1）项目监理机构应根据建设工程监理合同约定的设备采购与设备监造工作内

容、配备监理人员，并明确岗位职责。

（2）项目监理机构应编制设备采购与设备监造工作计划，并应协助建设单位编制设备采购与设备监造方案。

4.10.2 设备采购

（1）总监理工程师应组织监理人员了解拟采购的设备的性能和技术要求及有关标准。

（2）项目监理机构应根据设备采购与设备监造方案，协助建设单位选择设备供应单位。

采用招标方式进行设备采购的，项目监理机构可协助建设单位按照有关规定进行设备采购招标。

采用非招标方式进行设备采购的，项目监理机构可协助建设单位进行设备采购的技术及商务谈判。

（3）项目监理机构可参与设备采购合同谈判，协助签订设备采购合同。

4.10.3 设备监造

（1）总监理工程师应组织监理人员熟悉设备制造图纸及有关标准，参加建设单位组织的设备制造图纸的设计交底，掌握设计意图及设备采购订货合同中有关规定，熟悉制造工艺。

（2）项目监理机构应检查设备制造单位的质量管理体系，并应审查设备制造单位报送的设备制造生产计划和工艺方案。

（3）项目监理机构应审查设备制造的检验计划和检验要求，并应确认各阶段的检验时间、内容、方法、标准以及检测手段、检测设备和仪器。

（4）专业监理工程师应审查设备制造的原材料、外购配套件、元器件、标准件以及坯料的质量证明文件及检验报告，并应审查设备制造单位提交的报验资料，符合规定时应予以签认。

（5）项目监理机构应对设备制造过程进行监督和检查，对主要及关键零部件的制造工序应进行抽检。

（6）项目监理机构应要求设备制造单位按批准的检验计划和检验要求进行设备制造过程的检验工作，并做好检验记录。项目监理机构应对检验结果进行审核，认为不符合质量要求时，应要求设备制造单位进行整改、返修或返工。当发生质量失控或重大质量事故时，应由总监理工程师签发暂停令，提出处理意见，并及时报告建设单位。

（7）项目监理机构应检查和监督设备的装配过程，符合要求后予以签认。

（8）在设备制造过程中如需要对设备的原设计进行变更，项目监理机构应审查设计变更，并协商处理因变更引起的费用和工期调整，同时应报建设单位批准。

（9）项目监理机构应参加设备整机性能检测、调试和出厂验收，符合要求后应予以签认。

（10）在设备运往现场前，项目监理机构应检查设备制造单位对待运设备采取的防护和包装措施，并检查是否符合运输、装储存、安装的要求，以及随机文件、装箱单和附件是否齐全。

（11）设备运到现场后，项目监理机构应参加由设备制造单位按合同约定与接收单位的交接工作。

（12）专业监理工程师应按设备制造合同的约定审查设备制造单位提交的付款申请，提出审查意见，并应由总监理工程师审核后签发支付证书。

（13）专业监理工程师应审查设备制造单位提出的索赔文件，提出意见后报总监理工程师，并应由总监理工程师与建设单位、设备制造单位协商处理索赔事件，协商一致后签署意见。

（14）专业监理工程师应审查设备制造单位报送的设备制造结算文件，并提出审查意见，由总监理工程师签署意见后报建设单位。

（15）在设备监造工作结束后，总监理工程师应组织编写设备监造工作总结。

4.11 监理文件资料管理

4.11.1 一般规定

（1）项目监理机构应建立完善的监理文件资料管理制度，宜设专人管理监理文件资料。

（2）项目监理机构应及时、准确、完整地收集、整理、编制、传递监理文件资料，并建立收发文台账。

（3）项目监理机构宜采用信息化技术进行监理文件资料管理。

4.11.2 监理文件资料内容

（1）监理文件资料应包括监理管理、进度控制、质量控制、造价控制、安全生产管理的监理、合同管理、竣工验收和其他资料等方面的内容，具体如下：

1）勘察设计文件、建设工程监理合同及其他合同文件。

2）监理规划、监理实施细则。

3）设计交底和图纸会审会议纪要。

4）施工组织设计、（专项）施工方案、施工进度计划报审文件资料。

5）分包单位资格报审文件资料。

6）施工控制测量成果报验文件资料。

7）总监理工程师任命书，工程开工令、暂停令、复工令。

8）工程材料、构配件、设备报验文件资料。

9）见证取样和平行检验文件资料。

10）工程质量检查报验资料及工程有关验收资料。

11）工程变更、费用索赔及工程延期文件资料。

12）工程计量、工程款支付文件资料。

13）监理通知单、工作联系单与监理报告。

14）第一次工地会议、监理例会、专题会议等会议纪要。

15）监理月报、监理日志、旁站记录。

16）工程质量或生产安全事故处理文件资料。

17）工程质量评估报告及竣工验收监理文件资料。

18）监理工作总结。

（2）监理日志应包括下列主要内容：

1）天气和施工环境情况。

2）施工情况。

3）监理工作情况，包括材料（设备、构配件）验收、工程验收、旁站、巡视、见证取样、平行检验等情况。

4）存在的问题及协调解决情况。

5）其他有关事项。

（3）监理月报应包括下列主要内容：

1）本月工程实施情况。

2）本月监理工作情况。

3）本月施工中存在的问题及处理情况。

4）下月监理工作重点及有关建议。

5）工程相关照片。

（4）工程质量评估报告应包括下列主要内容：

1）工程概况及工程各参建单位。

2）工程施工过程介绍。

3）工程质量过程控制情况。

4）工程质量验收情况。

5）质量控制资料核查情况。

6）工程质量事故及其处理情况。

7）工程质量评估结论。

（5）监理工作总结应包括下列主要内容：

1）工程概况。

2）项目监理机构。

3）建设工程监理合同履行情况。

4）监理工作成效。

5）监理工作中发现的问题及其处理情况。

6）建议和说明。

4.11.3 监理文件资料归档

（1）项目监理机构应及时整理、分类汇总监理文件资料，并应按规定组卷，形成监理档案。

（2）工程监理单位应根据工程特点和有关规定，保存监理档案，并向有关单位、部门移交需要存档的监理文件资料。

（3）工程监理单位应按合同约定向建设单位移交监理档案。工程监理单位自行保存的监理档案保存期按相关规定可分为永久、长期、短期三种。

4.12 相关服务

4.12.1 一般规定

（1）工程监理单位应根据建设工程监理合同约定的相关服务范围开展相关服务工作，编制相关服务工作计划。

（2）工程监理单位应按规定汇总整理、分类归档相关服务工作的文件资料。

4.12.2 工程勘察设计阶段服务

（1）工程监理单位应协助建设单位编制工程勘察设计任务书，选择工程勘察设计单位，并协助签订工程勘察设计合同。

（2）工程监理单位应检查勘察设计进度计划执行情况，督促勘察设计单位完成勘察设计合同约定的工作内容，审核勘察设计单位提交的勘察设计费用支付申请表，签发勘察设计费用支付证书，并报建设单位。

工程勘察阶段的监理通知单、监理通知回复单、勘察费用支付申请表、勘察费用支付证书可按相关要求填写。

（3）工程监理单位应根据勘察设计合同，协调处理勘察设计延期、费用索赔等事宜。

（4）工程监理单位应协调工程勘察设计与施工单位之间的关系，保障工程正常进行。

（5）工程监理单位应审查勘察单位提交的勘察方案，提出审查意见，并报建设单位。如变更勘察方案，应按以上程序重新审查。

勘察方案报审表应按相关要求填写。

（6）工程监理单位应检查勘察现场及室内试验主要岗位操作人员的上岗证、所使用设备、仪器计量的检定情况。

（7）工程监理单位应检查勘察单位执行勘察方案的执行情况，对重要点位的勘探与测试应进行现场检查。

（8）工程监理单位应审查勘察单位提交的勘察成果报告，向建设单位提交勘察成果评估报告，并参与勘察成果验收。

勘察成果评估报告应包括下列主要内容：

1）勘察工作概况。

2）勘察报告编制深度、与勘察标准的符合情况。

3）勘察任务书的完成情况。

4）存在问题及建议。

5）评估结论。

（9）工程监理单位应依据设计合同及项目总体计划要求审查设计各专业、各阶段进度计划。

（10）工程监理单位应审查设计单位提交的设计成果，并提出评估报告。评估报告的主要内容：

1）设计工作概况。

2）设计深度、与设计标准的符合情况。

3）设计任务书的完成情况。

4）有关部门审查意见的落实情况。

5）存在的问题及建议。

（11）工程监理单位审查设计单位提出的新材料、新工艺、新技术、新设备在相关部门备案情况。必要时应协助建设单位组织专家评审。

（12）工程监理单位应审查设计单位提出的设计概算，提出审查意见，并报建设单位。

（13）工程监理单位应分析可能发生索赔事件的原因，制定防范对策，减少索赔事件的发生。

（14）工程监理单位应协助建设单位组织专家对设计成果进行评审。

（15）工程监理单位可协助建设单位向政府有关部门报审有关工程设计文件，并根据审批意见，督促设计单位予以完善。

4.12.3 工程保修阶段服务

（1）承担工程保修阶段的服务工作时，工程监理单位应定期回访。

（2）对建设单位或使用单位提出的工程质量缺陷，工程监理单位应安排监理人员进行检查和记录，要求施工单位予以修复，并监督实施，合格后予以签认。

（3）工程监理单位应对工程质量缺陷原因进行调查，应与建设单位、施工单位分析、协商并确定责任归属。对非施工单位原因造成的工程质量缺陷，应核实修复工程费用，签发工程款支付证书，并报建设单位。

附　　录

附录 1　关于见证取样的相关规定

一、《房屋建筑工程和市政基础设施工程实行见证取样和送检的规定》（建〔2000〕211 号）

第一条　为规范房屋建筑工程和市政基础设施施工中涉及结构安全的试块、试件和材料的见证取样和送检工作，保证工程质量，根据《建设工程质量管理条例》，制定本规定。

第二条　凡从事房屋建筑工程和市政基础设施工程的新建、扩建、改建等有关活动，应当遵守本规定。

第三条　本规定所称见证取样和送检是在指建设单位或工程监理单位人员见证下，由施工单位的现场试验人员对工程中涉及结构安全的试块、试件和材料在现场取样，并送至省级以上建设行政主管部门对其资质认可和质量技术监督部门对其认证的质量检测单位（以下简称“检测单位”）进行检测。

第四条　国务院建设行政主管部门对全国房屋建筑工程和市政基础设施工程的见证取样和送检工作实施统一监督管理。县级以上建设行政主管部门对本行政区域内的房屋建筑工程和市政基础设施工程的见证取样和送检工作实施监督管理。

第五条　涉及结构安全的试块、试件和材料见证取样和送检的比例不得低于有关技术标准中规定取样数量的 30%。

第六条　下列试块、试件和材料必须实施见证取样和送检：

（一）用于承重结构的混凝土试块；

（二）用于承重墙体的砌筑砂浆试块；

（三）用于承重结构的钢筋及连接接头试件；

（四）用于承重墙的砖和混凝土小型砌块；

（五）用于拌制混凝土和砌筑砂浆的水泥；

（六）用于承重结构的混凝土中使用的掺加剂；

（七）地下、屋面、厕浴间使用的防水材料；

（八）国家规定必须实行见证取样和送检的其他试块、试件和材料。

第七条　见证人员应由建设单位或该工程的监理单位具备建筑施工试验知识的专

业技术人员担任，并由建设单位或该工程的监理单位书面通知施工单位、检测单位和负责该项工程的质量监督机构。

第八条 在施工过程中，见证人员应按照见证取样送检计划，对施工现场的取样和送检进行见证，取样人员应在试样或其包装上作出标识、封志。标识和封志应标明工程名称、取样部位、取样日期、样品名称和样品数量，并由见证人员和取样人员签字。见证人员应制作见证记录，并将记录归入施工技术档案、见证人员和取样人员应对试样的代表性和真实性负责。

第九条 见证取样的试块、试件和材料送检时，应由送检单位填写委托单，委托单应有见证人员和送检人员签字。检测单位应检查委托单及试样上的标识和封志，确认无误后方可进行检测。

第十条 检测单位应严格按照有关规定和技术标准进行检测，出具公正、真实、准确的检测报告。见证取样和送检的检测报告必须加盖见证取样检测的专用章。

第十一条 本规定由国务院建设行政主管部门负责解释。

第十二条 本规定自发布之日（2000年9月26日）起施行。

二、关于进一步加强房屋建筑工程和市政基础设施工程见证取样和送检工作管理的通知（皖建质安〔2013〕16号）

为进一步规范建设工程见证取样和送检工作，保证建设工程质量检测工作的准确性、公正性和科学性，现就进一步加强我省房屋建筑工程和市政基础设施工程见证取样和送检工作管理通知如下：

（一）加强取样员和见证员管理

（1）取样人员条件。施工单位的取样人员，应具备建筑工程专业初级以上技术职称，具备建设工程检测和试验知识，熟悉相关法律法规和规范标准。经所在市建设管理部门培训与考核，取得安徽省建设管理部门统一颁发的取样人员岗位证书，受施工企业项目经理委托，承担施工现场取样和送检工作。

（2）见证人员条件。建设单位或其委托的监理单位的见证人员，应具备建设工程专业初级及以上技术职称，具备建设工程检测和试验知识，熟悉相关法律法规和规范标准。经所在市建设管理部门培训与考核，取得安徽省建设管理部门统一颁发的见证人员岗位证书，受建设单位或监理单位总监理工程师委托，承担施工现场取样和送检的见证工作。

（3）取样员和见证员的配备。施工单位、建设单位或其委托的监理单位应根据工程需要配备取样员和见证员。每个工程项目的取样员、见证员最低配备均各不少于1人；建筑面积5万平方米以上或工程造价5千万元以上工程项目，取样员、见证员最低配备均各不少于2人。

（4）取样员和见证员岗位培训考核和证书管理。全省取样员和见证员实行证书统一管理，具体工作由安徽省建设工程质量安全监督总站负责。取样员和见证员培训、考核和日常监管由各省辖市建设管理部门负责，具体工作可委托其所属的工程质量监督机构承担。

经省辖市建设管理部门培训、考核合格的取样员和见证员，颁发全省统一格式的岗位证书。见证员和取样员岗位证书有效期为三年，有效期内必须参加不少于24课时的继续教育。

（二）严格见证取样送检和检测过程管

（1）实行见证取样的范围。我省行政区划内纳入施工许可管理的房屋建筑和市政基础设施工程，涉及结构安全和重要使用功能的试块、试件和材料，应实行见证取样与送检管理，比例应不少于有关技术标准规定取样数量的30%，重点工程、国家投资的公共建筑和市政基础设施、保障性安居工程执行见证取样和送检的比例为100%。具体范围如下：

1）用于承重结构的混凝土试块；

2）用于承重墙体的砌筑砂浆试块；

3）用于承重结构的钢筋及连接接头试件；

4）用于承重墙的砖和混凝土小型砌块；

5）用于拌制混凝土和砌筑砂浆的水泥；

6）用于承重结构的混凝土中使用的掺加剂；

7）地下、屋面、厕浴间使用的防水材料；

8）用于承重的钢结构试件；

9）预应力钢绞线、锚夹具；

10）沥青、沥青混合料；

11）道路工程用无机结合料稳定材料；

12）建筑外窗、幕墙材料；

13）建筑节能工程用保温材料、绝热材料、黏结材料、增强网；

14）国家规定必须实行见证取样和送检的其他试块、试件和材料。

（2）明确人员和授权。工程开工前，施工单位项目管理部应书面任命取样员，建设单位或其委托的监理单位应填写“见证人员授权书”，明确该工程见证人员。取样员和见证员明确后，要书面告知建设单位、施工单位、监理单位、检测单位和该工程的质量监督机构，并向“安徽省建设工程项目质量检测全过程监管系统”（以下称“IMT”系统）备案取样员和见证员和工程项目信息。取样员和见证员原则上不得随意更换。确需更换的，经建设单位同意后，应按本条规定及时履行任命授权并告知有关单位，方可承担取样和见证工作。

（3）编制见证取样方案。工程施工前，施工企业应制订与本工程材料进场计划相对应的见证取样方案，见证取样方案需送质量监督机构审核，对不符合有关技术规范标准的，检测机构应书面向监理单位反馈修改意见。见证取样方案由监理单位审批并监督实施。

（4）现场取样与见证。见证员应按技术标准进行见证取样，对试样进行唯一性标识，任何单位和个人不得损坏唯一性标识。建立试样台账，按照取样时间顺序连续编号，不得空号重号。检测试验结果为不合格时，应在试样台账中标注，并注明处理情况。

现场见证取样试样的抽取、制作以及对建设工程实体质量的现场检测，应当在见证人员的见证下实施。见证员对试样的代表性和真实性进行确认，并建立见证台账，见证台账和取样台账应相互对应，当检测试验结果为不合格时，见证员应立即通知建设单位和施工单位，下发监理通知单，并在见证台账在注明处置情况。

钢筋和混凝土等重要原材料见证取样，应按监理要求留存影像资料。

见证取样试件应由见证人员负责送样。应用“IMT系统”的试件，由见证人员对试件进行唯一标识后送样。

（5）检测机构负责查验接收样品。检测机构收样员应检查试样与唯一标识，核对取样和见证信息。试样检查和信息核对无误后，接收试样。试样在检测机构内按盲样管理程序进行流转和检测。试样不符合要求，唯一性标识损坏，或者试样与取样、见证信息不一致，检测机构应拒绝接样。

（6）检测机构在出具的检测报告在应注明见证单位及见证员姓名。发生检测不合格情况时，要及时通过系统上传不合格信息；对涉及结构安全的不合格检查结果，应在 24 小时内通知工程质量监督机构和委托单位及见证单位，并单独建立检查结果不合格台账。

（7）检测机构应设专人负责试样留置工作。对规范和标准有明确要求的，应按规范和标准留置。规范和标准没有规定的，应在样品检测完成后留置不少于 72 小时。

（8）检测机构应在单位工程主体结构验收前出具工程检测报告汇总表。

（三）强化对见证取样和送检工作的监督管理

见证取样人员对见证取样和送检试样代表性和真实性负责，施工单位和监理单位分别承担相应责任。施工单位要留存检测不合格建材的退货记录、返工整改等资料，由项目经理和总监理工程师签字认可。监理单位应在监理资料中反映不合格建材的处置情况。

单位工程见证取样检测原则上应只委托一家检测机构承担。主体结构验收前，监理单位应检查检测单位出具的单位工程检测报告汇总表，重点核查与本工程见证取样记录台账、施工单位的送检台账是否吻合。

见证取样和送检应严格按相关工程建设标准。取样员和见证员不得委托他人代行职责。取样员和见证员玩忽职守或有弄虚作假行为的，收回其岗位证书，一年内不得再次参加岗位培训；情节严重的，三年内不得从事取样和见证工作；造成工程质量事故的，依法承担相应责任。

各级建设主管部门和其所属的质量监督机构要加强对见证取样和送检工作的重要性认识，采取切实有效措施强化监督管理，推行见证取样检测报告的脸谱签名和在线查询，对检测发现的不合格问题要督促整改处理，对存在违法违规行为的单位和个人记录并公示不良行为记录，涉及行政处罚的依法进行严肃查处，进一步保障见证取样检测工作的真实有效。

安徽省建设工程质量安全监督总站

二〇一三年十一月七日

附录 2 房屋建筑工程施工旁站监理管理办法（试行）

建市〔2002〕189 号

第一条 为加强对房屋建筑工程施工旁站监理的管理，保证工程质量，依据《建设工程质量管理条例》的有关规定，制定本办法。

第二条 本办法所称房屋建筑工程施工旁站监理（以下简称旁站监理），是指监理人员在房屋建筑工程施工阶段监理中，对关键部位、关键工序的施工质量实施全过程现场跟班的监督活动。

本办法所规定的房屋建筑工程的关键部位、关键工序，在基础工程方面包括：土方回填，混凝土灌注桩浇筑，地下连续墙、土钉墙、后浇带及其他结构混凝土、防水混凝土浇筑，卷材防水层细部构造处理，钢结构安装；在主体结构工程方面包括：梁柱节点钢筋隐蔽过程，混凝土浇筑，预应力张拉，装配式结构安装，钢结构安装，网架结构安装，索膜安装。

第三条 监理企业在编制监理规划时，应当制定旁站监理方案，明确旁站监理的范围、内容、程序和旁站监理人员职责等。旁站监理方案应当送建设单位和施工企业各一份，并抄送工程所在地的建设行政主管部门或其委托的工程质量监督机构。

第四条 施工企业根据监理企业制定的旁站监理方案，在需要实施旁站监理的关键部位、关键工序进行施工前 24 小时，应当书面通知监理企业派驻工地的项目监理机构。项目监理机构应当安排旁站监理人员按照旁站监理方案实施旁站监理。

第五条 旁站监理在总监理工程师的指导下，由现场监理人员负责具体实施。

第六条 旁站监理人员的主要职责是：

（一）检查施工企业现场质检人员到岗、特殊工种人员持证上岗以及施工机械、建筑材料准备情况；

（二）在现场跟班监督关键部位、关键工序的施工执行施工方案以及工程建设强制性标准情况；

（三）核查进场建筑材料、建筑构配件、设备和商品混凝土的质量检验报告等，并可在现场监督施工企业进行检验或者委托具有资格的第三方进行复验；

（四）做好旁站监理记录和监理日记，保存旁站监理原始资料。

第七条 旁站监理人员应当认真履行职责，对需要实施旁站监理的关键部位、关键工序在施工现场跟班监督，及时发现和处理旁站监理过程中出现的质量问题，如实准确地做好旁站监理记录。凡旁站监理人员和施工企业现场质检人员未在旁站监理记录上签字的，不得进行下一道工序施工。（注：2013 版监理规范不再要求施工企业现场质检人员未在旁站监理记录上签字，仅需旁站监理人员签字即可）

第八条 旁站监理人员实施旁站监理时，发现施工企业有违反工程建设强制性标准行为的，有权责令施工企业立即整改；发现其施工活动已经或者可能危及工程质量的，应当及时向监理工程师或者总监理工程师报告，由总监理工程师下达局部暂停施工指令或者采取其他应急措施。

第九条 旁站监理记录是监理工程师或者总监理工程师依法行使有关签字权的重要依据。对于需要旁站监理的关键部位、关键工序施工，凡没有实施旁站监理或者没有旁站监理记录的，监理工程师或者总监理工程师不得在相应文件上签字。在工程竣工验收后，监理企业应当将旁站监理记录存档备查。

第十条 对于按照本办法规定的关键部位、关键工序实施旁站监理的，建设单位应当严格按照国家规定的监理取费标准执行；对于超出本办法规定的范围，建设单位要求监理企业实施旁站监理的，建设单位应当另行支付监理费用，具体费用标准由建设单位与监理企业在合同中约定。

第十一条 建设行政主管部门应当加强对旁站监理的监督检查，对于不按照本办法实施旁站监理的监理企业和有关监理人员要进行通报，责令整改，并作为不良记录载入该企业和有关个人的信用档案；情节严重的，在资质年检时应定为不合格，并按照下一个资质等级重新核定其资质等级；对于不按照本办法实施旁站监理而发生工程质量事故的，除依法对有关责任单位进行处罚外，还要依法追究监理企业和有关监理人员的相应责任。

第十二条 其他工程的施工旁站监理，可以参照本办法实施。

第十三条 本办法自 2003 年 1 月 1 日起施行。

参 考 文 献

[1] 傅敏，何辉. 顶岗实习手册 [M]. 北京：中国建筑工业出版社，2014.
[2] 中华人民共和国住房和城乡建设部. 建设工程监理规范（GB/T 50319—2013）[S]. 北京：中国建筑工业出版社，2013.
[3] 中国建设监理协会. 建设工程监理规范（GB/T 50319—2013）应用指南 [M]. 北京：中国建筑工业出版社，2013.
[4] 丁新国，步向义. 建设工程安全监理实用手册 [M]. 北京：知识产权出版社，2009.
[5] 中华人民共和国住房和城乡建设部. 建筑与市政工程施工现场专业人员职业标准（JGJ/T 250—2011）[S]. 北京：中国建筑工业出版社，2011.
[6] 编委会. 建设工程监理基础知识 [M]. 北京：中国建筑工业出版社，2016.
[7] 安徽省建设监理协会. 安徽省建设工程监理工作标准（试行）[S]. 出版物准印编号：HF-2015-020 号，2015.
[8] 刘勇. 新标准下工程开工令签发若干问题的探讨 [J]. 安阳工学院学报，2015（2），69-71.
[9] 刘勇，黄士勇. 新规范下监理机构工程款支付审核相关问题探讨 [J]. 建设监理，2014（4），44-47.
[10] 刘勇. 建筑工程质量验收程序和组织相关问题探讨 [J]. 建设监理，2015（4），46-48.
[11] 中国建设监理协会. 建设工程质量控制 [M]. 4 版. 北京：中国建筑工业出版社，2015.
[12] 中国建设监理协会. 建设工程投资控制 [M]. 4 版. 北京：中国建筑工业出版社，2015.
[13] 中国建设监理协会. 建设工程进度控制 [M]. 4 版. 北京：中国建筑工业出版社，2015.
[14] 中国建设监理协会. 建设工程合同管理 [M]. 4 版. 北京：中国建筑工业出版社，2015.

